Dario Davila Paredes

Análise estrutural e composição florística de uma floresta

Dario Davila Paredes

Análise estrutural e composição florística de uma floresta

de terraço médio, comunidade Puerto Almendra, distrito San Juan Bautista, Loreto - Peru

ScienciaScripts

Imprint

Any brand names and product names mentioned in this book are subject to trademark, brand or patent protection and are trademarks or registered trademarks of their respective holders. The use of brand names, product names, common names, trade names, product descriptions etc. even without a particular marking in this work is in no way to be construed to mean that such names may be regarded as unrestricted in respect of trademark and brand protection legislation and could thus be used by anyone.

Cover image: www.ingimage.com

This book is a translation from the original published under ISBN 978-613-9-41080-4.

Publisher:
Sciencia Scripts
is a trademark of
Dodo Books Indian Ocean Ltd. and OmniScriptum S.R.L publishing group

120 High Road, East Finchley, London, N2 9ED, United Kingdom
Str. Armeneasca 28/1, office 1, Chisinau MD-2012, Republic of Moldova, Europe
Printed at: see last page
ISBN: 978-620-8-19711-7

ANÁLISE ESTRUTURAL E COMPOSIÇÃO FLORÍSTICA DE UMA FLORESTA DE TERRAÇOS MÉDIOS, COMUNIDADE PUERTO ALMENDRA, DISTRITO DE SAN JUAN BAUTISTA, LORETO - PERU

[123453]Dario Davila Paredes , Génesis M. Davila Zambrano , Rodil Tello Espinoza , Jorge Mera Ramirez , Roger Ruiz Pardes , Ronald Burga Alvarado , Elmer S. [68773]Saavedra Viteri , Gladis Cárdenas Cárdenas , Richard Huaranca Acostupa , Diego D. Davila Zambrano , Pedro A. Angulo Ruiz , Luis Lopez Vinatea[8]

1.   Herbario Amazonense, Centro de Investigacion Recursos Naturales (CIRNA), Universidad Nacional de la Amazonia Peruana (UNAP).

2.   Bromatologia e Nutrição Humana, Faculdade de Indústrias Alimentares, Universidade Nacional da Amazónia Peruana (UNAP).

3.   Faculdade de Ciências Florestais, Universidade Nacional da Amazónia Peruana (UNAP).

4.   Faculdade de Ciências Económicas e Empresariais, Universidade Nacional da Amazónia Peruana (UNAP).

5.   Faculdade de Indústrias Alimentares, Universidade Nacional da Amazónia Peruana (UNAP).

6.   Faculdade de Ciências da Educação e Humanidades, Universidade Nacional da Amazónia Peruana (UNAP).

7.   Faculdade de Ciências Biológicas, Universidade Nacional da Amazónia Peruana (UNAP).

8.   Faculdade de Engenharia Química, Universidade Nacional da Amazónia Peruana (UNAP).

LISTA DE CONTEÚDOS

RESUMO

O principal objetivo deste trabalho de investigação foi analisar a estrutura e composição florística das espécies florestais, da comunidade de Puerto Almendra, com ênfase na abundância, frequência, dominância e índice de valor de importância; complementado com a complexidade florística, estrutura horizontal e vertical, das espécies florestais avaliadas. Em três (3) parcelas de 20 m x 100 m, foram registadas um total de 152 árvores, representadas por 23 famílias, 43 géneros e 64 espécies; as famílias mais representativas foram: Fabaceae, Lauraceae, Sapotaceae, Euphorbiaceae e Annonaceae, que registaram 95 árvores e representaram a
62.5 %. Abundância absoluta e relativa, referiu-se a quantificação de espécies florestais, a família mais representativa Fabaceae, 6 gêneros, 10 espécies e 29 árvores, *Parkia velutina* Benoist, 17 árvores, totalizando 52 árvores, representou 34,21% do total. Freqüência absoluta e relativa; referente à presença de espécies florestais, em 04 parcelas, foram registradas 04 espécies florestais (40%), destacando-se o gênero *Parkia*, "pashaco". [2]Dominância, absoluta e relativa, de 152 árvores, a família mais importante foi Fabaceae, *Parkia velutina* Benoist., "pashaco" (40%); totalizando 5,615417 m , de área basal. O Índice de Valor de Importância (IVI), *Parkia velutina* Benoist., "pashaco", 17 árvores, representou 8,7% do total. A estrutura horizontal (Eh), referida ao diâmetro, varia de 5x5 cm a 10 cm dap, a 1,30 m. do solo. A classe diamétrica I, (10-14,9 cm, DAP), quantitativamente, registrou 65 árvores (42,76%), destacando-se a família Sapotaceae, *Micropholis egenesis* (A. DC.) Pierre, "caimitillo". Estrutura vertical (Ev), referente à altura total (5-8 m), a estrutura vertical inferior, quantitativamente, registou 18 árvores (11,84%), destacando-se a família Lauraceae, *Ocotea aciphylla* (Nees) Mez, "canela moena"; a estrutura vertical média (Evm), quantitativamente, registou 108 árvores (71,05%), destacando-se a família Lauraceae, *Ocotea aciphylla* (Nees) Mez, "canela moena"; a estrutura vertical média, (Evm), quantitativamente, registou 108 árvores (71,05%), destacando-se a família Lauraceae, *Ocotea aciphylla* (Nees) Mez, "canela moena".A estrutura vertical superior (Evs), quantitativamente, registou 26 árvores (17,11%), destacando-se a família Fabaceae, *Parkia velutina* Benoist, "pashaco"; a Complexidade Florística foi de 1/3, ou seja, para cada espécie, existiam 3 árvores.

Palavras-chave: Abundância; Frequência; Dominância; Índice de Valor de Importância; Complexidade Florística; Estrutura Horizontal e Vertical.

RESUMO

O principal objetivo deste trabalho de pesquisa foi analisar a estrutura e composição florística das espécies florestais, comunidade Puerto Almendra, com ênfase na abundância, frequência, dominância e índice de valor de importância; complementado com a complexidade florística, estrutura horizontal e vertical, das espécies florestais avaliadas. Em três (3) parcelas, 20 m x 100 m, foram registadas um total de 152 árvores, representadas por 23 famílias, 43 géneros e 64 espécies; As famílias mais representativas foram: Fabaceae, Lauraceae, Sapotaceae, Euphorbiaceae e Annonaceae, reportando 95 árvores e representando 62,5%. A abundância absoluta e relativa, referiu-se à quantificação das espécies florestais, sendo a família mais representativa Fabaceae, 6 géneros, 10 espécies e 29 árvores, destacando-se Parkia velutina Benoist, 17 árvores; somaram um total de 52 árvores, representando 34,21% do total. A freqüência absoluta e relativa; Quanto à presença de espécies florestais, em 04 parcelas, foram registradas 04 espécies florestais (40%), destacando-se o gênero Parkia, "pashaco". Dominância, absoluta e relativa; Das 152 árvores, a família mais importante foi a Fabaceae, com destaque para Parkia velutina Benoist, "pashaco" (40%); Somaram um total de 5,615417 m2 de área basal. O Índice de Valor de Importância (IVI), destacou Parkia velutina Benoist., "pashaco", 17 árvores, representando 8,7% do total. A estrutura horizontal (Eh), referente ao diâmetro, varia de 5x5 cm a 10 cm dbh, a 1,30 m. do solo. A classe diamétrica I, (10-14,9 cm, DAP), quantitativamente, registou 65 árvores (42,76%), destacando-se a família Sapotaceae, Micropholis egenesis (A. DC.) Pierre, "caimitillo". Estrutura vertical (Ev), referente à altura total (5-8 m), a estrutura vertical inferior, quantitativamente, registou 18 árvores (11,84%), destacando-se a família Lauraceae, Ocotea aciphylla (Nees) Mez, "canela moena"; a estrutura vertical média, (Evm), quantitativamente, registou 108 árvores (71.05%), com destaque para a família Lecythidaceae, Eschweilera coriaceae (A. DC.) S. A. Mori, "machimango"; a estrutura vertical superior, (Evs), quantitativamente, registrou 26 árvores (17,11%), com destaque para a família Fabaceae, Parkia velutina Benoist, "pashaco"; a Complexidade Florística foi de 1/3, ou seja, para cada espécie, havia 3 árvores.

Palavras-chave: Abundância; Frequência; Dominância, Índice de Valor de Importância; Complexidade florística; Estrutura horizontal e Estrutura vertical.

INTRODUÇÃO

[1]2[2]O Peru, um país florestal, com 60% de florestas, ocupa o décimo lugar em termos de cobertura florestal no mundo, o segundo na América Latina, depois do Brasil, representa a bacia amazónica peruana, 956 751 Km, (74,44 %) do território nacional e 13,02 % do total da bacia amazónica. [5]As florestas dAmazónia peruana são mais ricas em diversidade de espécies do que qualquer outra floresta tropical do planeta, 50% corresponde à planície ou planície amazónica; das 17 144 espécies registadas no catálogo de Angiospérmicas e Gimnospérmicas do Peru, 43% das plantas são amazónicas; a composição florística, representando 6 237 espécies, distribuídas por 1406 géneros e 182 famílias, constitui 36.[7][6][8]3% da flora fanerogâmica do Peru, é possível encontrar até 300 espécies de plantas num hectare, quase 3000 espécies em três zonas reservadas de Iquitos.

[3]Os inventários florestais são instrumentos valiosos para registar informações e mostrar o estado situacional da floresta, de um ponto de vista quantitativo e qualitativo. [4]As florestas naturais localizadas na comunidade de Puerto Almendra têm uma vegetação natural pouco conhecida de terraço médio, que ainda não está documentada e o papel das espécies deste tipo de floresta é desconhecido; no entanto, estão atualmente expostas a várias actividades antrópicas, sendo a principal ameaça a desflorestação, para habitação e venda de madeira, o que provoca a perda de um ecossistema com habitats naturais valiosos para a flora e fauna amazónicas, especialmente para os habitantes deste local.

A avaliação e o estabelecimento quantitativo das suas caraterísticas estruturais permitem determinar as possibilidades de utilização, na produção e na conservação, bem como o interesse científico, técnico, económico e ecológico, a fim de orientar uma gestão sustentável bem sucedida destes ecossistemas e desenvolver a Região do Loreto.

[9]A estrutura horizontal e vertical avalia o comportamento de cada espécie em um tipo de floresta por meio de índices que expressam a ocorrência e a importância ecológica das espécies no ecossistema através da abundância, frequência e dominância, cuja soma relativa gera o IVI .

O objetivo deste trabalho é analisar quantitativamente as características estruturais e a composição florística mais importantes de uma floresta de terraço médio, localizada na comunidade de Puerto Almendra, distrito de San Juan Bautista, província de Maynas, região de Loreto. Devido à sua localização geográfica, é considerado um ecossistema de especial interesse para a Amazónia peruana.

I.   QUADRO TEÓRICO

1.1. ANTECEDENTES

Os estudos da composição florística e da diversidade das florestas tropicais são importantes e essenciais para compreender a estrutura e a dinâmica da vegetação [59, 60, 61, 62, 63].

[58]Numerosos inventários florestais realizados na Amazónia peruana concluem que as famílias Fabaceae, Lauraceae, Annonaceae, Rubiaceae, Moraceae, Myristicaceae, Sapotaceae, Meliaceae, Arecaceae e Euphorbiaceae contribuem com 52% da riqueza de espécies das florestas de baixa altitude da Amazónia peruana .

Estudos realizados sobre a flora em 3 reservas de Iquitos (Allpahuayo-Mishana, Yanamono e Sucusari), mostraram que as florestas de terra firme são mais ricas em espécies do que as florestas de várzea. [59]Das espécies registadas, 74,6% ocorrem apenas em terra firme, 16,2% crescem em planícies aluviais e 9,2% das espécies crescem em ambos os casos.

Em 2012, foi realizado um estudo numa floresta de terraço médio adjacente ao Arboreto "El huayo" do Centro de Investigação e Enseñanza Forestal, Puerto Almendra; foi determinada a composição florística, a estrutura horizontal e vertical das árvores com - 10 cm DAP; Foram registadas 1 159 árvores, distribuídas por 38 famílias botânicas, 92 géneros e 120 espécies; a família botânica mais importante foi Euphorbiaceae com 10 espécies e 222 indivíduos (54%, IVI); ecologicamente a espécie mais importante foi *Alchornea triplinervia*, "zancudo caspi" (Euphorbiaceae), com 20.[97]2% do IVI; *Virola flexuosa* "cumala caupuri" (Myristicaceae), com 18,59%; *Protium* sp. "copal" (Burseraceae), com 17,4%; *Micrandra spruceana* "shiringa masha" (Euphorbiaceae), com 16,33% .

Em 2016, num inventário florestal, em floresta primária influenciada pela estrada Iquitos-Nauta, foi avaliada e analisada a composição florestal em 5 hectares, árvores com - 10 cm DAP, a 1,30 m do solo, foram registadas 1 614 árvores pertencentes a 161 espécies diferentes. [10]A espécie com maior abundância foi o "copal", (*Protium* sp.), 80, (4,96%), assim como o Índice de Valor de Importância . A estrutura vertical da vegetação foi considerada em três estratos: inferior, médio e superior. O estrato médio foi comparativamente o mais uniforme, mais fechado e com maior número de árvores. O estrato inferior era comparativamente mais uniforme, menos fechado e com menos árvores. [10]O estrato superior era maioritariamente esparso, a copa das árvores estava separada para abrir, com poucas espécies nesta copa aparentemente horizontal (dominante). A estrutura horizontal das árvores inventariadas estava distribuída por 19 classes de diâmetro. [10]A maior percentagem de árvores, (70,82%), estava distribuída nas classes de diâmetro 10 < DAP < 25 cm e representava 27,94% da área basal.

Em 2018, foi realizada a avaliação da composição florística e estrutura horizontal da vegetação arbórea do Arboreto "El huayo"; determinamos a intensidade da mistura, o valor do índice de importância das espécies e famílias; em 4 parcelas de amostragem permanentes de 1,22 ha. cada; todos os indivíduos foram registrados com - 5 cm, dap; Foram encontradas 521 espécies florestais distribuídas em 183 gêneros e 53 famílias. [12]A família mais importante ecologicamente foi Lecythidaceae, por ser mais adaptada ao local e ter um IVI mais alto.

Em 2019, uma floresta de baixa colina levemente dissecada foi avaliada em 13 parcelas de amostragem de 20 x 250 m, estrada Iquitos-Nauta, província de Maynas, departamento de Loreto; foi determinada a composição florística, estrutura horizontal e diversidade dessa floresta; relatou 709 indivíduos distribuídos em 105 espécies, 86 gêneros e 33 famílias botânicas. [13]Vinte (20) espécies contribuem com o maior peso ecológico, *Tachigali sp.* com 14,72%, *Eschweilera decolorans* com 12,53% e *Virola elongata* com 11,72% .

Durante 2020, foi realizado um inventário florestal numa floresta de terraço, região de Madre de Dios, foi determinada a composição florística, estrutura e diversidade arbórea de uma floresta amazónica, em 2 parcelas rectangulares de 20 m x 500 m cada, foram identificados indivíduos, com - 10 cm dap; foram registadas 4 429 árvores, 254 espécies, 165 géneros e 53 famílias. [14]As espécies mais importantes ecologicamente foram: *Tetragastris altissima* (Aubl.) Swart, *Iriartea deltoidea* Ruiz & Pav, *Euterpe precatoria* Mart., espécies abundantes devido à abertura do dossel, que aumentou sua dominância; enquanto *Ocotea bofo* Kunth, *Bertholletia excelsa* Bonpl, *Eschweilera coriácea* (DC.) S.A. Mori, com baixa abundância, devido a mudanças na composição florística, após o uso da madeira.

Em 2021, foi realizado um estudo em nove localidades, na região de Loreto, para comparar padrões de composição, estrutura e diversidade florística em diferentes tipos de florestas, em parcelas de 20 m x 50 m (2,5 ha.). As famílias mais abundantes foram: Fabaceae, Euphorbiaceae, Myristicaceae, Annonaceae, Lecythidaceae, Moraceae, Violaceae, Burseraceae, Rubiaceae e Sapotaceae. De acordo com o IVF, a riqueza específica foi de 903 espécies, com 3421 indivíduos. 2[15]A área basal média foi de 76,92 m /ha .

1.2. FUNDAMENTOS TEÓRICOS

1.2.1 Estrutura da floresta

Ecologicamente, a estrutura de uma floresta é o componente arbóreo que está em relação direta com as forças do meio ambiente, principalmente com o clima, a fisiografia, o solo, elementos propícios ao crescimento e desenvolvimento de outras formas de vida, [16]Inter-relaciona-se com o solo através do fornecimento de matéria orgânica e nutrientes, o que reduz e amortece os efeitos climáticos sobre o solo e sua fisiografia, constituída pela vegetação arbórea, composta por plantas lenhosas capazes de ultrapassar 10 cm de diâmetro, indicador de estabelecimento no dossel principal da floresta.

A estrutura da floresta é dada pela abundância, distribuição e dominância das espécies que a compõem, em relação à massa total da floresta. [17]A soma destes parâmetros relativos indica o valor do índice de importância ecológica e a sua dominância na floresta.

A maioria das espécies tem uma distribuição horizontal baixa, com ocupação irregular a baixa no interior da floresta (espécies "ocasionais"). [18,19,20]Do conjunto florístico, as espécies horizontalmente bem distribuídas (espécies "frequentes"), geralmente com elevada abundância e maior dominância, desempenham um papel importante na constituição da floresta.

[23]Os parâmetros mais utilizados para medir a estrutura de uma floresta são a densidade de troncos e a área basal. Verticalmente, podemos distinguir três estratos de árvores: estrato superior, estrato médio e estrato inferior.
[21,19,22,20].

1.2.2 Composição florística

[26]As caraterísticas das florestas tropicais são determinadas por factores ambientais, posição geográfica, clima, solo e topografia, bem como pela dinâmica da floresta e pela ecologia das suas espécies. [23]Além disso, a composição florística das florestas tropicais está constantemente a mudar de um local para outro; centrando-se na diversidade de espécies num ecossistema, é necessário elaborar um quadro com os nomes das espécies identificadas, a fim de as descrever adequadamente .

[25]A elevada diversidade das florestas amazónicas, em comparação com o resto da região neotropical, deve-se à biodiversidade por especialização em diferentes habitats. Os inventários florísticos em três reservas florestais perto de Iquitos (Yanamono, Reserva Turística Explorama, Sucusari), registam 2 748 espécies, 876 géneros e 165 famílias; recorde mundial de diversidade local nas florestas amazónicas.
[26]1,0 ha, foram registadas 300 espécies diferentes e 600 plantas individuais, com DAP superior a 10 cm. A segunda parcela mais rica do mundo em termos de diversidade de espécies está localizada em Mishana, no rio Nanay, com 289 espécies.
[26].

[27][28]Os estudos da composição florística e da estrutura da vegetação são

fundamentais para planear e desenvolver técnicas de conservação e utilização sustentável dos ecossistemas e dos seus componentes, o seu conhecimento permite uma visão alargada dos mecanismos biológicos que aí ocorrem, essenciais para compreender a dinâmica das florestas e as alterações induzidas pela atividade humana.

Este facto confirma o valor dos inventários florísticos para responder a questões como: quanta diversidade existe, composição florística, diversas famílias, espécies abundantes, espécies dominantes, estrutura, estratos, endemismo, etc. [29].

1.2.3 Complexidade florística

[30]A complexidade florística é medida pelo coeficiente de mistura, que reflete a proporção da abundância de espécies, referindo-se ao grau de intensidade da mistura de espécies em uma determinada área. [31]Nas florestas da Amazónia, o coeficiente de mistura varia entre 1:3 e 1:4 . O mesmo autor, na Colômbia, identificou 1:7 como o coeficiente de mistura aproximado para aquela área. [32]O coeficiente de mistura para a floresta primária em Tambo Quemado-Bolívia foi de 1:6 .

[33]A complexidade florística é um dos factores que limita a gestão rentável das florestas. [34][35]No entanto, esta situação pode ser ultrapassada agrupando as espécies de acordo com o seu temperamento ecológico e valor comercial, reduzindo a complexidade florística através de tratamentos silvícolas.

1.2.4 Medição da estrutura

[36,37]As primeiras tentativas de descrever a estrutura das comunidades florestais utilizaram modelos paramétricos, em termos de abundância proporcional de cada espécie, que descrevem a relação gráfica entre o valor de importância ecológica das espécies em termos da disposição sequencial dos intervalos de espécies do mais importante para o menos importante; estes modelos diferem em termos das interpretações biológicas e estatísticas que assumem dos dados.

1.2.4.1 Abundância

[38,23,11]A abundância absoluta e relativa das espécies é o número total de árvores pertencentes a uma determinada espécie. Percentagem do número de árvores por espécie em relação ao número total de árvores inventariadas nas parcelas.

1.2.4.2 Frequência

A frequência, absoluta e relativa, mede a regularidade e a distribuição horizontal de cada espécie na floresta, ou seja, a sua distribuição média. Para a determinar, a amostra (parcela) é dividida num número adequado de subparcelas de igual dimensão. [38,23,11]Verifica-se a presença ou ausência das espécies em cada subparcela. A frequência absoluta de uma espécie é expressa em percentagem das subparcelas em que a espécie ocorre (número total de subparcelas = 100%). As frequências relativas são calculadas com base na soma total das frequências absolutas de uma amostragem que é considerada igual a 100%.

1.2.4.3 Domínio

[38,31]A dominância absoluta e relativa, ou a dispersão horizontal das espécies, "secção determinada na superfície do solo pelo feixe de projeção horizontal do corpo da planta", ou seja, a projeção vertical da copa de cada árvore . [2] [38][39,11]Para ultrapassar esta dificuldade, propõe-se a utilização da área basal, expressa em m , das árvores em vez da projeção da copa, mas expressar a dominância das árvores desta forma é quase inaplicável na maioria das florestas tropicais devido à sua complexa estrutura horizontal e vertical.

1.2.4.4 Índice de Valor de Importância, (IVI)

O estudo da abundância, frequência e dominância revelam aspectos essenciais da composição florística da floresta, mas são sempre abordagens parciais que, isoladamente, fornecem as informações necessárias sobre a estrutura florística da vegetação como um todo e como tal. [38]Um método para integrar abundância, frequência e dominância é o cálculo do Índice de Valor de Importância proposto, reunindo assim as espécies mais importantes de uma área florestal; o método para integrar estes três aspectos é o IVI, obtido pela soma, para cada espécie, da sua abundância, frequência e dominância relativas, proposto por Curtis e Mc-Intosh Mc-Intosh .

1.2.4.5 Estrutura florística horizontal, (Eh)

[23]A estrutura horizontal de um povoamento ou de uma floresta pode ser descrita pela distribuição do número de árvores por classe de diâmetro, sendo a área basal um índice do grau de desenvolvimento ou um indicador da competência de uma floresta, mas também pode refletir o grau de intervenção que ocorreu.

[23]Do ponto de vista silvicultural, a medida mais importante da organização horizontal é a área basal, que pode ser utilizada como um índice do grau de desenvolvimento ou como um indicador da competência de uma floresta, mas também pode refletir o grau de intervenção que ocorreu. Cada classe de diâmetro indica a gama de diâmetros para a qual foi calculada a área basal das plantas que determinam a estrutura horizontal de um povoamento.

1.2.4.6 Estrutura florística vertical, (Ev)

[23]A estrutura florística vertical informa sobre a composição florística dos diferentes estratos da floresta na vertical e o papel das diferentes espécies em cada estrato. A estrutura vertical dos cinco
[23](05) As parcelas são determinadas pela distribuição das árvores ao longo do topo do seu perfil.

Na floresta tropical é possível distinguir:

a)   O estrato superior é constituído pelas árvores cujas copas formam o dossel mais alto da floresta.
b)   O estrato médio é constituído por árvores cujas copas se situam abaixo da copa mais alta.
c)   Estrato inferior: as copas das árvores encontram-se na metade inferior da copa.

[19]Para determinar a posição sociológica (copa) das árvores, foi utilizada a seguinte escala: estrato superior, estrato médio e estrato inferior.

1.2.4.7 Complexidade florística, (cf)

[23][41]A complexidade florística exprime a intensidade de mistura de cada espécie na floresta, ou seja, o número de árvores por espécie, que exprime a intensidade de mistura de todas as parcelas avaliadas, porque numa comunidade vegetal composta por árvores, arbustos e, por vezes, arbustos, que formam poucos estratos sobrepostos.

1.2.4.8 Distribuição diametral das espécies

[23]A estrutura horizontal de um povoamento ou de uma floresta pode ser descrita pela distribuição do número de árvores por classe de diâmetro e, do ponto de vista silvícola, a medida mais importante da organização horizontal é a área basal, que pode ser utilizada como um índice do grau de desenvolvimento ou como um indicador da competência de uma floresta, mas também pode refletir o grau de intervenção ocorrida.

[75][23]A fim de estabelecer comparações com outros estudos semelhantes e de acordo com as regras gerais de normalização, foi fixado um intervalo de classe para o estudo - 10 cm correspondente ao DAP .

Quadro n.º 01: Classe e gama diamétrica [23]

Classe de diâmetroFaixa	(cm) I
10-14.9	
II15-19 .9	
III20-24 .9	
IV25-29 .9	
-	- - - .

1.2.4.9 Distribuição por classe de altura

[76,74]Com base em estudos estruturais e florísticos de uma floresta amazônica, o número de árvores por classe de altura foi determinado utilizando-se a fórmula desenvolvida para a distribuição do número de árvores por classe de diâmetro a partir de 5 metros de altura, estrutura vertical de 5 e 8 metros, estrutura vertical média de 09 e 17 e estrutura vertical superior de 18 e 25 metros de altura total, respetivamente .

1.3. DEFINIÇÕES DE TERMOS BÁSICOS

[42]Composição florística: descreve em termos de famílias de plantas, géneros e espécies os indivíduos registados durante a recolha de dados .

[43]Floresta de terraços médios: comunidade florestal que se desenvolve em terraços médios, que são ocasionalmente inundados, e que podem passar vários anos sem serem atingidos pela água .

[44]Estrutura da floresta: o tamanho e a distribuição etária das espécies numa floresta; com crescimento vertical (altura) e horizontal (diâmetro) e sucessão de árvores; ecologicamente, está diretamente relacionada com forças ambientais, principalmente o clima, a fisiografia e o solo.

[47]Estrutura: Elemento ou conjunto de elementos unidos entre si para resistir a diferentes tipos de tensão.

[45]Estrutura vertical: organização vertical de uma floresta, com a distribuição das massas foliares no plano vertical.

[46]Estrutura horizontal: Distribuição dos elementos individuais, no espaço de uma área arborizada, relacionada com a dimensão, localização e tipos de formas de vida.

[23]Abundância: número total de árvores pertencentes a uma determinada espécie .

[49]Frequência: distribuição horizontal de cada espécie, representada pela frequência absoluta, número de amostras onde uma espécie é encontrada e frequência relativa, frequência total de todas as espécies.

[9]Dominância: mede o potencial produtivo da floresta e é um parâmetro útil para determinar a qualidade do sítio. [49]É representada pela dominância absoluta, a soma da área basal dos indivíduos pertencentes a uma espécie, e pela dominância relativa, um valor expresso em percentagem da soma total da dominância absoluta.

[38,24]Índice de Valor de Importância (IVI): soma, para cada espécie, da sua abundância, frequência e dominância.

[51]Altura total: distância vertical entre a base e o ápice da árvore .

[52]Diâmetro à altura do peito (DAP): diâmetro de uma árvore medido num ponto de referência, geralmente a 1,3 m do solo.

[53]Área basal: área da secção transversal à altura do peito .

[54]Complexidade florística: Índice de diversidade que exprime a variedade de uma floresta, ou seja, um rácio entre o número de espécies e o número de indivíduos.

II. VARIÁVEIS E HIPÓTESES

2.1. Formulação da hipótese

2.1.1 Geral

Análise estrutural e composição florística de uma floresta de terraço médio, comunidade de Puerto Almendra; permite estimar a importância ecológica e o potencial da área.

2.1.2 Específico:

-       **Alternativamente**: A análise estrutural e a composição florística de uma floresta de terraço médio, a comunidade de Puerto Almendra, permite estimar a importância e o potencial ecológico das espécies florestais, para melhorar as orientações básicas para uma gestão económica, integral e sustentável da floresta tropical.

-       **Nulo**: A análise estrutural e a composição florística de uma floresta de terraço médio, comunidade Puerto Almendra; não permite estimar a importância e as potencialidades ecológicas com espécies florestais, para concluir com orientações básicas para uma gestão económica, integral e sustentável da floresta tropical.

-

2.2. Operacionalização das variáveis

2.2.1 Variáveis e sua operacionalização

As variáveis de interesse são a análise estrutural e a composição florística de uma floresta de terraços médios, em parcelas e subparcelas de espécies florestais, sendo quantitativas e contínuas. As variáveis de caraterização são o tipo de floresta de terraço médio, sendo quantitativas e nominais.

O quadro seguinte apresenta a operacionalização das variáveis do trabalho de investigação.

Quadro n.º 02: Variáveis e sua operacionalização

Variável	Definição concetual	Definição operacional	Indicador	Artigos	Instrumento
Variável de interesse					
Estrutura e composição florística de uma floresta de terraço meios de comunicaçã o social.	Vegetação natural desconhecida, perda de habitats flora e fauna naturais por actividades antropogénica s.	Análise estatístico I.V.I.	- Tipo de floresta - Estrutura horizontal de espécies - Estrutura de espécies verticais	- Abundância (%) - Frequência (%) - Dominância (%) - Altura total (m) - Diâmetro (cm) - Coeficiente de mistura.	Dados de inventário, cálculo da estrutura horizontal e vertical do floresta, composição famílias florísticas, géneros e espécies, formato.
Variáveis de caraterização					
Floresta de terraço metade	Floresta com relevo plano, altura do nível da água 5-10 m, pendente 0 y 8 %, estrutura vertical e horizontal da vegetação definido.	O número foi calculado famílias géneros e espécies de a composição florística de uma floresta de terraço meios de comunicaçã o social.	- Estrutura e composição florística	- Número de árvores - Número de espécies - Número de géneros - Número de famílias	Formato de registo e inventário das espécies silvicultura existente numa floresta de terraços médios.

III. METODOLOGIA

3.1. Tipo e conceção da investigação

Estudo não experimental, quantitativo, explicativo, descritivo, transversal e comparativo, estabelecido pela análise das caraterísticas estruturais e da composição florística das espécies florestais, de uma floresta de terraço médio, localizada na comunidade de Puerto Almendra, San Juan Bautista, Loreto, Peru.

3.2. População e amostra

[2]A população é constituída por todas as árvores das espécies florestais num hectare (10 000 m), cujas coordenadas são P1: 3°50'26.00 "S, 73°22'11.34 "W, 112 masl; P2: 3°50'43.66 "S, 73°22'13.53 "W, 114 masl; P3: 3°50'43.66 "S, 73°22'13.53 "W, 114 masl; P3:
3°50'40.00 "S, 73°22'15.00 "W, 106 masl; P4: 3°50'38.00 "S, 73°22'12.00 "W, 106 m acima do nível do mar, indivíduos com -10 cm de DAP; amostra representada por três parcelas de 20 m x 100 m, divididas em nove subparcelas de 20 m x 20 m, subdivididas em 10 m x 10 m, 5 m x 5 m e 2 m x 20 m, e 2 m x 10 m.
2 m (0,6 ha), método Whittaker, muito utilizado nas florestas da Amazónia peruana para caraterizar a vegetação nos inventários florestais.

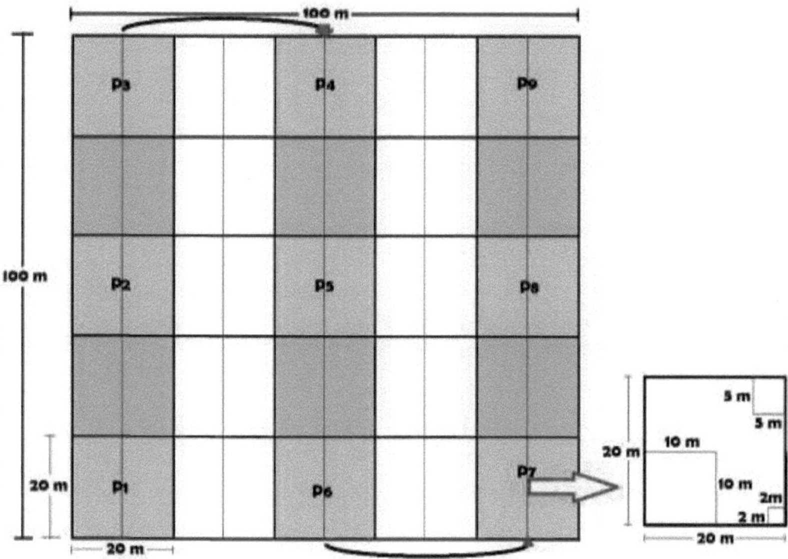

Ilustração N° 01: Disposição das parcelas e subparcelas 20 m x 100 m (0,6 ha.)

3.3. procedimentos de recolha de dados

Obtidos a partir de fontes primárias: dados ou valores registados em formato de campo: número de árvores por espécie, parcelas e subparcelas, diâmetro e altura de cada árvore, medidos a 1,30 m do solo (DAP); as fontes secundárias incluem documentos relacionados com o Índice de Valor de Importância, complementados com a estrutura horizontal e vertical, complexidade florística.

3.4. Técnicas e instrumentos

3.4.1 Descrição geral da zona de estudo

A comunidade de Puerto Almendra, situada na margem direita do rio Nanay, um afluente esquerdo do rio Amazonas, a 22 km de Iquitos na direção sul-sul.

[67]Oeste . [68]Localizada geograficamente nas coordenadas 3°49'48" S e 73°25'12" W; altitude aproximada de 122 m acima do nível do mar; limites a Norte, com terras fiscais que separam a margem direita do rio Nanay, Almendra e Caño de la misma; a Este, aldeia de Zungaro Cocha, Cocha do mesmo nome e terras devolutas; a Oeste, com terras da aldeia de Nina Rumi, Llanchama Cocha e terras devolutas . Tem um clima tropical quente e chuvoso, com uma humidade atmosférica elevada, entre 80% e 100%. Temperatura média anual entre 24°C e 26°C, e máximas entre 33°C e 36°C. A precipitação varia de 2500 a 3000 mm. [57]O solo, constituído por terra firme, terreno não inundável, desenvolvido a partir de depósitos aluviais mais antigos, incluindo sedimentos depositados durante o Terciário e o Quaternário, bem como por planície aluvial, terreno sujeito a inundações periódicas, devido aos depósitos recentes do rio Amazonas e dos seus afluentes, Itaya, Nanay e Tamshiyacu . [69]Ecologicamente, pertence ao tipo de floresta tropical (bhT) . A comunidade de Puerto Almendra pode ser alcançada por dois meios de comunicação, tomando a cidade de Iquitos como ponto de referência: por estrada pavimentada e por via fluvial, o rio Nanay.
Ilustração n.º 02: Localização da zona de estudo.

▶ **Materiais**

Campo: catanas, guincho, bússola Suunto, fita fosforescente, marcador indelével, ráfia, caderno de campo, clinómetro, tesoura telescópica, ascensor pé de cabra, GPS, puxadores.

▶ **Do escritório**: computador PRODESK, Intel Core 7, vPro, calculadora científica Float, artigos de papelaria e bibliografia especializada.

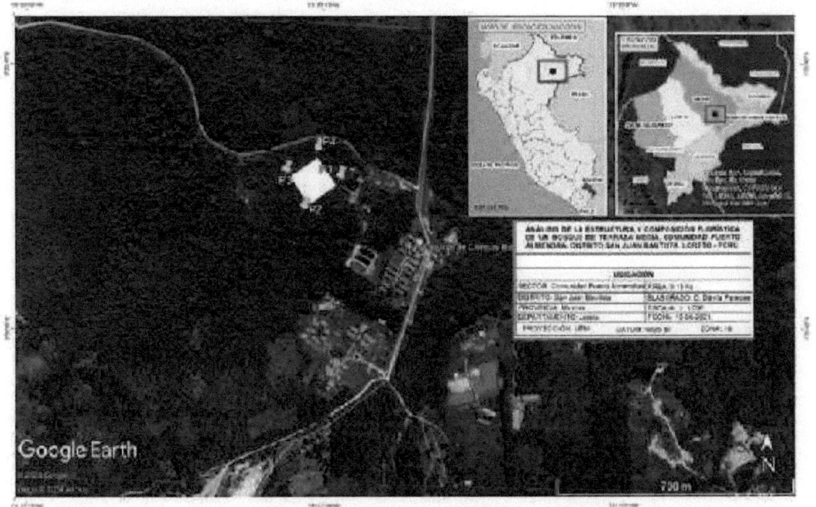

3.4.2 Metodologia

Ilustração n.º 03: Visita exploratória e localização da zona de estudo

O trabalho iniciou-se com o registo dos dados de campo, num formato preparado pelo autor: nome comum, nome científico, DAP, altura total, (ANEXO N° 01), foram consideradas todas as espécies localizadas no interior da floresta de terraços médios, técnica de inventário florestal a 100%. [66,67,17]Os instrumentos técnicos utilizados foram previamente calibrados e aceites.

Ilustração N° 04: Georreferenciação, orientação e abertura de transectos

Para delimitar as parcelas, utilizámos uma bússola SUUNTO, um fio de 50 metros e um guincho de 50 metros. Foram desenhadas três áreas rectangulares de 20 m x 100 m, divididas em cinco
(05) subparcelas (0,6 ha). Numeração e marcação: cada árvore foi numerada com um código sequencial (1, 2, 3, n...), a marcação foi com fita fosforescente, melhor visibilidade das espécies dentro da floresta. Medição do diâmetro: com fita de diâmetro, foi registado o DAP (- 10 a mais cm) para todos os indivíduos da área de estudo, a uma altura de 1,30 m do solo. Medição da altura: com uma vara telescópica de 4 m, foi registada a altura total de cada árvore, desde a base do tronco até ao ápice.

Ilustração N° 05: Codificação e prensagem das amostras botânicas coletadas Três (03) amostras por espécie, férteis ou estéreis, foram coletadas, preservadas com 50:50, colocadas em saco de polietileno de 20 cm x 67 cm x 5 cm e transferidas para o herbário Amazonense, Centro de Investigação de Recursos Naturais, da Universidade Nacional da Amazônia Peruana, para a secagem das amostras, foram colocadas em jornal usado, intercaladas com papelão e alumínio corrugado, amarradas em forma de pilha, submetidas a um secador de resistência elétrica, temperatura de 60°, durante 24 horas e; [70,71]A identificação foi feita por comparação com exsicatas depositadas no AMAZ, chaves de identificação, bibliografia especializada e o apoio da equipe especializada do Herbário Amazônico - AMAZ .

3.5. Técnicas de tratamento e análise de dados

Os dados foram registados numa base de dados do Microsoft Excel 2011.

[39] [40]A análise e interpretação dos dados foram processadas quantitativamente por meio de estatísticas descritivas, apresentadas em tabelas, gráficos e ilustrações de abundância relativa (A%), frequência relativa (F%), dominância relativa (D%), expressas através do Índice de Valor de Importância, IVI e complexidade florística; complementadas com estrutura vertical e horizontal das espécies florestais representativas da área, personalizadas com um diagrama do perfil da floresta, mostrando a posição sociológica (copa) das árvores avaliadas.

3.5.1 Parâmetros calculados

▶ **Estrutura horizontal, (E_h)**

[74]Para a composição florística da parcela em estudo, foi elaborado um quadro de vegetação, estimando o peso ecológico das espécies no interior da floresta, através da determinação dos valores absolutos e relativos de abundância, frequência e dominância, adicionados para o valor do índice de importância ecológica das famílias, espécies e área basal .

Abundância absoluta, (A_a)

Expressa o número total de indivíduos da espécie.

$$A = {}^{TM} n_i$$

Onde:
n: árvores da mesma espécie.

Abundância relativa, ($A_\%$)

Indica a percentagem de indivíduos de cada espécie.

$$A_\% \ \frac{A}{{}^{TM} t} = 100$$

Onde:
$A_\%$ = abundância absoluta total das árvores inventariadas.
${}^{TM} t$ = soma total de árvores de todas as espécies.

Frequência absoluta, (F_a)

$$F_a \ \frac{N°sp}{N°tsp} = 100$$

Onde:
$N°sp$: número total de subparcelas em que ocorre uma determinada espécie. $N°tsp$: número total de subparcelas em que a parcela foi dividida.

Frequência relativa (F%)

Foi considerado o número de subparcelas onde a espécie ocorre.

$$F\% \ \frac{Fa}{^{TM}tF} = 100$$

Onde:

Fa = frequência absoluta.

^{TM}tF = soma total das frequências absolutas de todas as espécies.

Domínio absoluto (Da)

Soma total das áreas basais dos indivíduos de todas as espécies.

$$Da = {}^{TM}ab$$

Onde:

^2Ab = área basal, em m , das árvores da mesma espécie.

Dominância relativa, (D%)

Este é o valor expresso em percentagem do domínio absoluto.

$$D\% \ \frac{Da}{Separador\ ^{TM}} = 100$$

Onde:

Da = domínio absoluto.

^{TM}tab = soma da área basal total de todas as espécies.

Índice de Valor de Importância, (IVI)

$$IVI = A\% + F\% + D\%$$

Onde:

A% = abundância relativa. F% = frequência relativa. D% = dominância relativa.

▶ **Estrutura florística vertical, (Ev) Posição sociológica**

[19]Foi determinada com base na projeção da curva da classe de altura total versus o número de indivíduos, com a seguinte escala .

Quadro n.º 03: Posição sociológica [19]

Estrato inferior (IS)	menos de 1/3 da altura máxima

Estrato médio (EM)	entre 1/3 e 2/3 da altura máxima
Estrato superior (ES)	superior a 2/3 da altura máxima

[77,78]Este procedimento significa o valor numérico simplificado da percentagem do número de árvores correspondente a cada estrato em relação ao total global de árvores em todos os estratos da floresta.

$$\text{Chão X} = \underline{\text{N.º de árvores no solo}} \times 100$$
$$\text{Número total de árvores}$$

Foi elaborado um diagrama, perfil de 3 parcelas, 20 m x 100 m, segundo o método descrito pelo autor.

► **Complexidade Florística, (c_f)**

[54]Foi avaliada pelo Quociente de Mistura (QM), que indica a intensidade da mistura florestal, expressa como a razão entre o número de espécies (N_{sp}) e o número de indivíduos (N_{ind}). Foi utilizada a seguinte fórmula:

$$f_{=sp}C\ (N\ )\ /\ (Nárbs)$$

Onde:

(N_{sp}) = número de espécies ($N_{árbs}$) = número total de árvores.

► **Distribuição diametral das espécies**

A estrutura horizontal de um povoamento ou de uma floresta pode ser descrita pela distribuição do número de árvores por classe de diâmetro. [23]Do ponto de vista silvicultural, a medida mais importante da organização horizontal é a área basal, utilizada como índice do grau de desenvolvimento ou indicador da competência de uma floresta.

Para o cálculo da área basal de cada árvore, utilizamos a fórmula:

$$ab = 0{,}7844 \times (dap)^2$$

DBH = Diâmetro à altura do peito.

► **Distribuição por classe de altura**

[76,74]Foi determinado pelo número de árvores por classe de altura, calculado pela fórmula desenvolvida pela distribuição do número de árvores por classe de diâmetro, de 5 m a mais de 5 m de altura total, - 10 cm dap, a 1,30 metros do solo .

3.6. Aspectos éticos

Os critérios e a fiabilidade do trabalho são considerados de auditabilidade, compreendendo um conjunto de actividades do investigador e do orientador, com responsabilidade, garantindo que este trabalho seja desenvolvido dentro de padrões académicos e quantitativos consensuais da investigação; protegendo e respeitando a conduta humana, direta e indiretamente, bem como a privacidade, confidencialidade e consentimento de todos os que participaram.

IV. RESULTADOS

4.1. Lote n.º 1

4.1.1 Abundância, absoluta e relativa

Foram inventariadas 40 árvores, pertencentes a 11 famílias, 16 géneros e 21 espécies florestais diferentes.

As árvores locais mais abundantes foram: *Ecclinusa lanceolata* (Mart. & Eichl.) Pierre, "caimitillo", 06 árvores, (15,0% do total); *Parkia velutina* Benoist, "pashaco", 6 árvores, (15,0% do total); *Sloanea guianensis* (Aubl.) Benth., "casha huayo", 04 árvores, (10,0%). Estas 03 espécies, totalizando 16 árvores, representaram 40,0% do total registado (Tabela N° 04 e Gráfico N° 01).

Tabela N° 04. Abundância absoluta e relativa das espécies florestais mais representativas do sítio

Nome científico	ABUNDÂNCIA		
	Nome comum	absol	relação (%)
Ecclinusa lanceolata	"caimitillo" (pequeno caimitil)		
Parkia velutina	"pashaco"		
Sloanea guianensis	"casha huayo	4	10
	subtotal		40

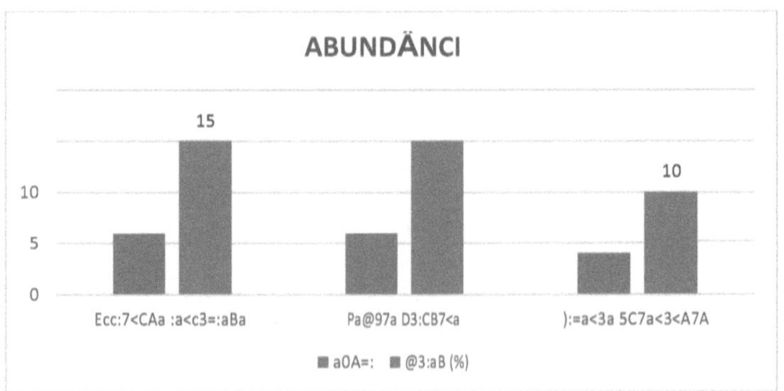

Gráfico N° 01. Abundancia absoluta y relativa, de especies forestales más

representativas del lugar

4.1.2 Frequência, absoluta e relativa

A frequência foi avaliada através da divisão em 1 subparcela.

Cada uma das 21 árvores locais tinha um valor de frequência absoluta de 1 e um valor de frequência relativa de 4,55%. (Quadro n.º 05 e gráfico n.º 02).

Quadro n.º 05. Frequência absoluta e relativa das espécies florestais mais representativas do sítio.

Nome científico	FREQUÊNCIA		
	Nome comum	absol (N°)	relação (%)
Ecclinusa lanceolata	"caimitillo" (pequeno caimitil)	1	4.55
Parkia velutina	"pashaco"	1	4.55
Sloanea guianensis	"casha huayo	1	4.55
subtotal			13.64
Total		21	100

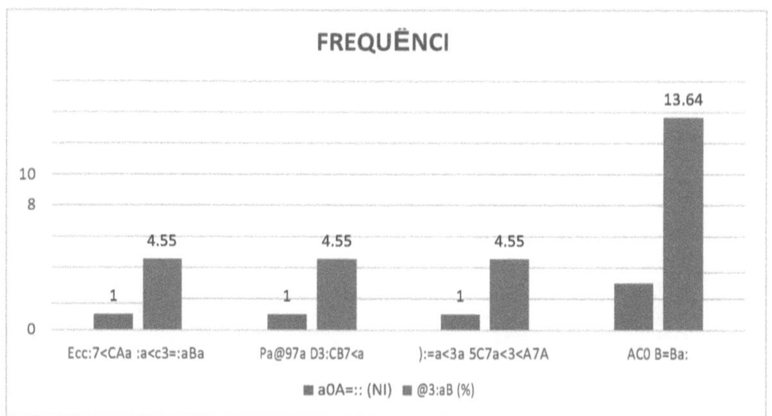

Gráfico N° 02. Frequência absoluta e relativa das espécies florestais mais representativas do sítio

4.1.3 Domínio, absoluto e relativo

Referia-se à área basal de cada uma das 40 árvores, pertencentes a 23 espécies florestais locais diferentes.

[222]As espécies com maior dominância absoluta e relativa foram *Ecclinusa lanceolata* (Mart. & Eichl.) Pierre; "caimitillo", com 0,25 m , 16,93% do total; seguida de *Parkia velutina* Benoist; "pashaco", com 0,14 m , (9,79%); *Sloanea guianensis* (Aubl.) Benth.; "casa huayo", 0,11 m , (7,50%). [2] Estas 03 espécies locais totalizaram 1,46 m de área basal, representando 34,21% do total (Tabela N° 06 e Gráfico N° 03).

[2]Tabela N° 06. Dominância, (m), absoluta e relativa, das espécies florestais mais representativas do sítio

Nome científico	DOMINÂNCIA Nome comum	Absol (m^2)	Relação (%)
Ecclinusa lanceolata	"caimitillo" (pequeno caimitil)	0.25	16.93
Parkia velutina	"pashaco"	0.14	9.79
Sloanea guianensis	"casha huayo	0.11	7.50
subtotal		0.50	34.21
Total		1.46	100

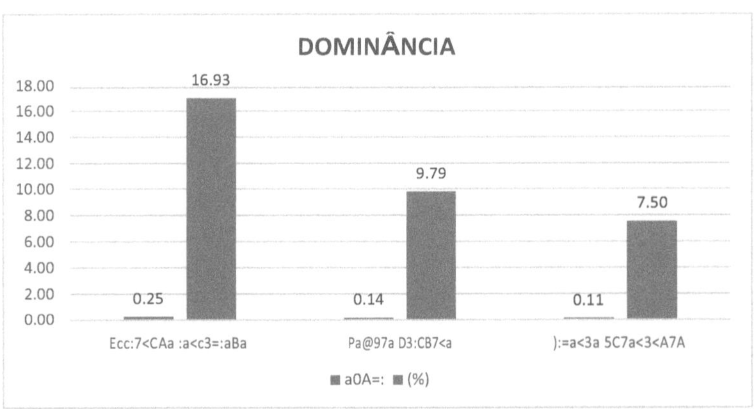

Gráfico N° 03. [2]Dominância absoluta e relativa (m) das espécies florestais mais representativas do sítio.

4.1.4 Índice de Valor de Importância, (IVI)

Foi calculado um total de 23 espécies florestais diferentes, agrupando um total de 40 árvores.

As espécies com maior IVI foram: *Ecclinusa lanceolata* (Mart. & Eichl.) Pierre, "caimitillo", com 36,48, (12,16%) do total; *Parkia velutina* Benoist, "pashaco", com 29,33, (9,78%); *Sloanea guianensis* (Aubl.) Benth., "casha huayo", 22,04, (7,35%). Estas 03 espécies, num total de 87,85, representaram 29,28% do total (Tabela N° 07 e Gráfico N° 04).

Tabela N° 07. Índice de Valor de Importância (IVI) das espécies florestais mais representativas do sítio
IVI

absolRelat   (%)

Nome científicoNome	comumIVI a	300%IVI a 100% Ecclinusa	
lanceolata "caimitillo" (caimitillo)		36.48	12.16
Parkia velutina	"pashaco"	29.339	.78
Sloanea guianensis	"casha huayo "	22.047	.35
subtotal87 ,8529		,28	

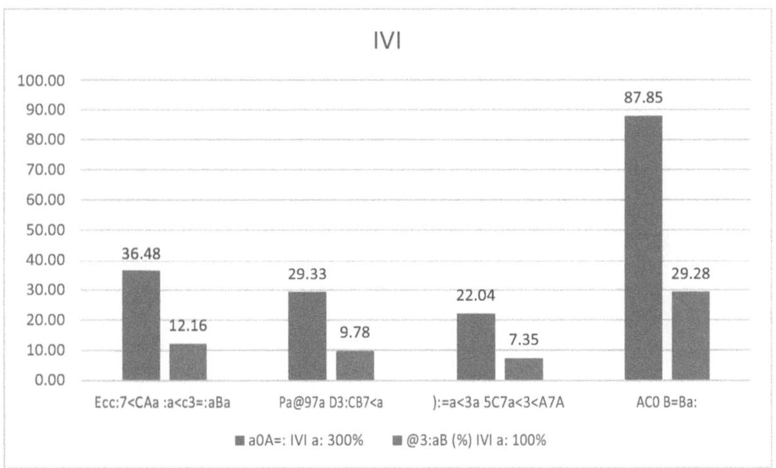

Gráfico N° 04. Índice Valor de Importancia, (IVI), de las especies forestalesmás representativas del lugar

Tabela N° 08. Índice de valor de importância, (IVI), total das espécies florestais mais representativas do sítio

Família	Nome científico	Nome comum	IVI a 300%.	IVI a 100%
Sapotáceas	Ecclinusa lanceolata	caimitillo	36.48	12.16
Fabáceas	Parkia velutina	pashaco	29.33	9.78
Elaeocarpaceae	Sloanea guianensis	casha huayo	22.04	7.35
Araliaceae	Dendropanax umbellatus	fósforo caspi	18.66	6.22
Urticáceas	Pourouma tomentosa	sacha uvilla	18.5	6.17
Lauraceae	Ocotea aciphylla	moena de canela	18.14	6.05
Euphorbiaceae	Hevea pauciflora	shiringa	17.13	5.71
Moráceas	Ficus guianensis	renaco	13.46	4.49
Lecythidaceae	Eschweilera coriacea	machimango preto	11.81	3.94
Fabáceas	Inga tessmannii	shimbillo	11.81	3.94
Lauraceae	Ocotea argyrophylla	moena folha castanha	10.13	3.38
Lauraceae	Ocotea gracilis	moena inodora	9.784	3.26
Lauraceae	Ocotea myriantha	garça moena	9.41	3.14
Elaeocarpaceae	Sloanea durissima	casha huayo	8.821	2.94
Euphorbiaceae	Hyeronima oblonga	rato caspi de alta altitude	8.613	2.87
Lauraceae	Ocotea oblonga	shicshi moena	8.188	2.73
Lauraceae	Anaueria brasiliensis	añuje rumo	8.157	2.72
Lauraceae	Ocotea olivacea	PRIMAVERA AMARELA	8.052	2.68
Burseraceae	Protium altsonii	copal	8.008	2.67
Fabáceas	Swartzia benthamiana	aço shimbillo	8.008	2.67
Myristicaceae	Iryanthera juruensis	cumalila vermelha	7.843	2.61
Fabáceas	Hymenolobium nitidum	mari mari	7.625	2.54
		Total	**300**	**100**

4.1.5 Complexidade Florística

A Complexidade Florística da área avaliada foi de 1/1, ou seja, para cada espécie havia 1 árvore (Tabela N° 09 e Gráfico N° 05).

Quadro n.º 09. Complexidade florística das espécies florestais mais importantes do sítio

Número de espécies	1
Número de árvores	1
COMPLEXIDADE FLORÍSTICA	1/1

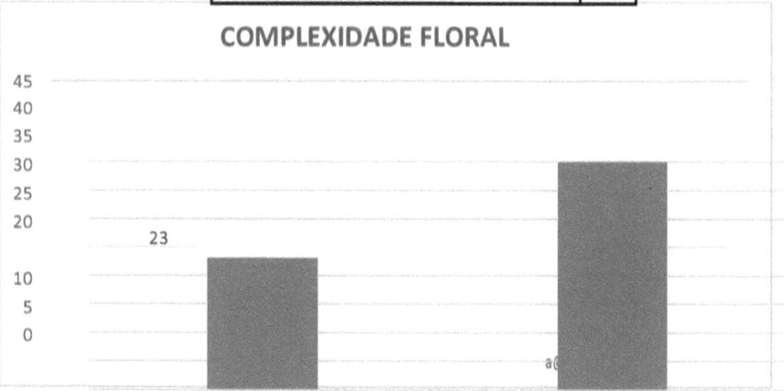

Figura N° 05. Complexidade florística (CF) das espécies florestais mais representativas do sítio

4.1.6 Análise da estrutura horizontal (Eh)

Referente ao diâmetro de 40 árvores, distribuídas em grupos de classes de diâmetro, varia de 5 cm a 10 cm dbh, a 1,30 m do solo.

Na classe de diâmetro I, entre 10 cm e 14,9 cm DAP, foram inventariadas 13 árvores (32,5%). As árvores quantitativamente maiores foram: *Sloanea guianensis* (Aubl.) Benth., "casha huayo", 14,8 cm; *Ocotea oblonga* (Meisn.) Mez, "shicshi moena", 14,6 cm; *Parkia velutina* Benoist, "pashaco", 14,5 cm. Na classe de diâmetro II, entre 15 cm e 19,9 cm dbh, foram inventariadas 09 árvores (22,5%). Quantitativamente maiores, destacaram-se as seguintes árvores com 1 árvore: *Ecclinusa lanceolata* (Mart. & Eichl.) Pierre, "caimitillo", 19,0 cm; *Hevea pauciflora* (Spruce ex Benth.) Müll. Arg., "shiringa", 19,5 cm; Hevea *pauciflora* (Spruce ex Benth.) Müll. Arg., "shiringa", 19,7 cm.

Na classe de diâmetro III, entre 20 cm e 24,9 cm dbh, foram inventariadas 08 árvores (20,0%). Quantitativamente maior, com 1 árvore: *Ocotea argyrophylla* Ducke, "moena hoja marron", 24,0 m.
Na classe de diâmetro IV, entre 25 cm e 29,9 cm de DAP, foram inventariadas 07 árvores (17,5%). Quantitativamente maiores, 1 árvore, foram: *Eschweilera coriacea*

(A. DC.) S. A. Mori, "machimango negro", 29,80 cm; *Inga tessmannii* Harms, "shimbillo", 29,80 cm e *Ecclinusa lanceolata* (Mart. & Eichl.) Pierre, "caimitillo", 29,28 cm.

Na classe de diâmetro V, entre 30 cm e 34,9 cm dbh, foram inventariadas 02 árvores (5%), incluindo 1 árvore: *Pourouma tomentosa* Mart., "sacha uvilla", 30,5 cm e *Ficus guianensis* Desv., "renaco", 34 cm.

Na classe de diâmetro VI, entre 35 cm e 39,9 cm dbh, foi inventariada 01 árvore (2%), incluindo 1 árvore: *Ocotea aciphylla* (Nees) Mez, "canela moena", 46 cm (Tabela N° 10 e Gráfico N° 06).

Tabela N° 10. Estrutura horizontal, (Eh), das espécies florestais mais representativas do sítio

ÁRVORES DE CLASSES	(cm)		DIAMETRAIS (%)
I	10-14.9		32,5
II	15-19.9	9	22,5
III	20-24.9	8	20,0
IV	25-29.9	7	17,5
V	30-34.9	2	5,0
VI	35-39.9	1	2,5
		40	100

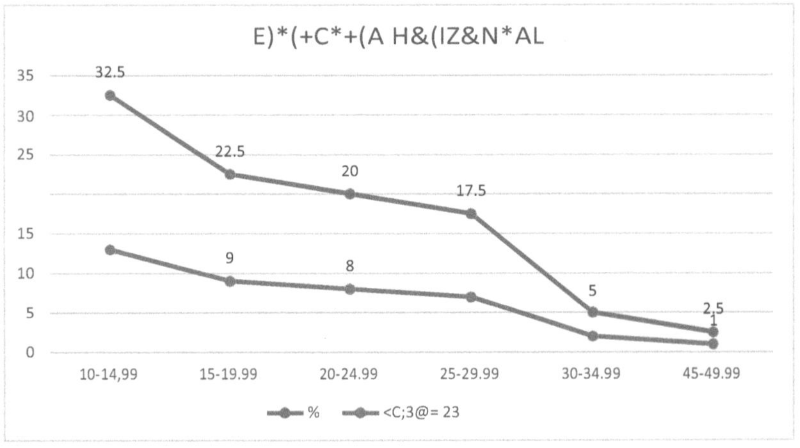

Gráfico N° 06. Estrutura horizontal das espécies florestais mais representativas do sítio

4.1.7 Análise da estrutura vertical (Ev)

Referente à altura de 40 árvores, reunidas em 21 espécies florestais diferentes, distribuídas em três (03) estratos: inferior (< 9 m), médio (10-15 m) e superior (> 15).

A estrutura vertical inferior (EVI), com menos de 9 metros de altura total, foi encontrada em 05 árvores (12,5%), compreendendo 05 espécies diferentes; as que mais se destacaram foram *Sloanea durissima*, "casa huayo", 01 árvore, 18,2 m de altura; *Anaueria brasiliensis*, "añuje rumo", 01 árvore, 14,4 m de altura.

Foram registradas 22 árvores (55,0%) com estrutura vertical média (EVM), entre 9 e 15 metros de altura total, compreendendo 14 espécies florestais diferentes, entre outras, *Ecclinusa lanceolata* (Mart. & Eichl.) Pierre, "caimitillo", 01 árvore, 29,8 m de altura; *Parkia velutina*, "pashaco", 01 árvore, 22,2 m de altura; *Dendropanax umbellatus*, "fosforo caspi", 01 árvore, 20,4 m de altura.

Possuíam uma estrutura vertical superior (EVS) com mais de 15 metros de altura, 13 árvores (32,50%), compreendendo 11 espécies florestais diferentes, incluindo *Ocotea aciphylla*, "canela moena", 01 árvore; *Ficus guianensis*, "renaco", 01 árvore; *Pourouma tomentosa*, "sacha uvilla" (Tabela N° 11 e Gráfico N° 07).

Tabela N° 11. Estrutura vertical, (Ev), das espécies florestais mais representativas do sítio

E.V. (m)	N° (%)	ÁRVORES DE ALTURA TOTAL		
ABAIXO	< 8		5	12.5
MEDIO	9-15			55.0
SUPERIOR	> 16			32.5
			40	100

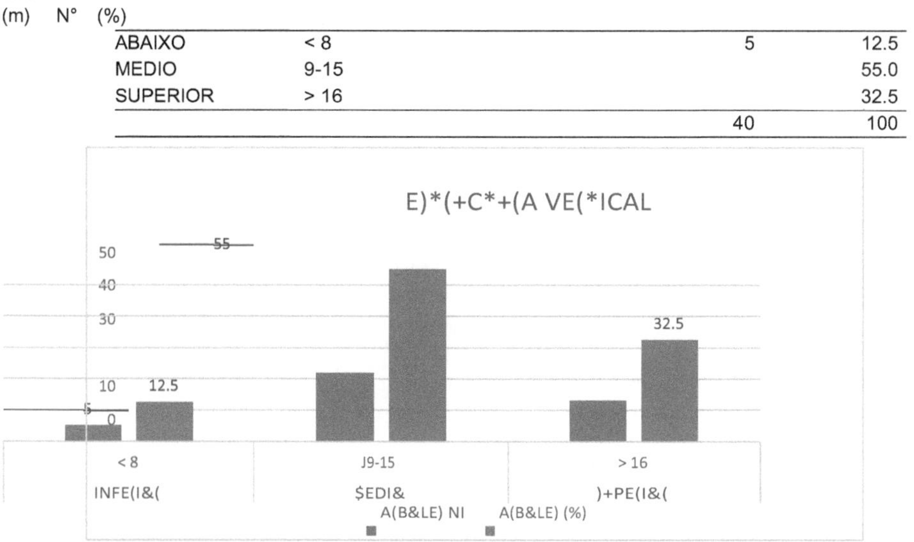

Gráfico N° 07. Estrutura vertical das espécies florestais mais representativas do sítio

Quadro n.º 12: Análise da estrutura horizontal e vertical das espécies florestais mais representativas do sítio

Família	Nome científico	Nome comum	d (cm)	cd	h	ca
Lecythidaceae	Eschweilera coriacea	machimango preto	29.8	25-29,99		15-19.99
Urticáceas	Pourouma tomentosa	sacha uvilla	27.2	25-29,99	19	15-19.99
Urticáceas	Pourouma tomentosa	sacha uvilla	30.5	30-34,99		15-19.99
Lauraceae	Ocotea olivacea	PRIMAVERA AMARELA	13.7	10-14,99		10-14.99
Fabáceas	Parkia velutina	pashaco	12.8	10-14,99	10	10-14.99
Araliaceae	Dendropanax umbellatus	fósforo de caspo	11.9	10-14,99		5-9.99
Elaeocarpaceae	Sloanea guianensis	casha huayo	26.0	25-29,99		15-19.99
Sapotáceas	Ecclinusa lanceolata	caimitillo	16.3	15-19,99		10-14.99
Fabáceas	Parkia velutina	pashaco	21.4	20-24,99		15-19.99
Araliaceae	Dendropanax umbellatus	fósforo de caspo	26.0	25-29,99		10-14.99
Lauraceae	Ocotea argyrophylla	moena folha castanha	24.0	20-24,99		15-19.99
Fabáceas	Parkia velutina	pashaco	22.2	20-24,99		10-14.99
Fabáceas	Swartzia benthamiana	aço shimbillo	13.4	10-14,99		5-9.99
Lauraceae	Ocotea aciphylla	moena de canela	45.5	45-49,99		20-24.99
Euphorbiaceae	Hevea pauciflora	shiringa	13.4	10-14,99		5-9.99
Araliaceae	Dendropanax umbellatus	fósforo de caspo	20.4	20-24,99	15	15-19.99
Fabáceas	Parkia velutina	pashaco	15.0	15-19,99		10-14.99
Sapotáceas	Ecclinusa lanceolata	caimitillo	26.3	25-29,99	17	15-19.99
Sapotáceas	Ecclinusa lanceolata	caimitillo	19.0	15-19,99	12	10-14.99
Fabáceas	Parkia velutina	pashaco	14.5	10-14,99		15-19.99
Elaeocarpaceae	Sloanea guianensis	casha huayo	14.8	10-14,99		10-14.99
Myristicaceae	Iryanthera juruensis	cumalila vermelha	12.2	10-14,99		10-14.99
Sapotáceas	Ecclinusa lanceolata	caimitillo	22.5	20-24,99	11	10-14.99
Fabáceas	Inga tessmannii	shimbillo	29.8	25-29,99	18	15-19.99
Euphorbiaceae	Hevea pauciflora	shiringa	19.7	15-19,99		10-14.99
Sapotáceas	Ecclinusa lanceolata	caimitillo	21.1	20-24,99	18	15-19.99
Elaeocarpaceae	Sloanea durissima	cepanquina	18.2	15-19,99		5-9.99
Lauraceae	Ocotea oblonga	shicshi moena	14.6	10-14,99		10-14.99
Fabáceas	Parkia velutina	pashaco	16.6	15-19,99		10-14.99
Elaeocarpaceae	Sloanea guianensis	casha huayo	18.7	15-19,99		10-14.99
Fabáceas	Hymenolobium nitidum	mari mari	10.4	10-14,99		10-14.99
Euphorbiaceae	Hevea pauciflora	shiringa	19.5	15-19,99	16	15-19.99
Lauraceae	Anaueria brasiliensis	añuje rumo	14.4	10-14,99		5-9.99
Lauraceae	Ocotea myriantha	garça moena	21.0	20-24,99	17	15-19.99
Moráceas	Ficus guianensis	renaco	34.6	30-34,99	23	20-24.99
Burseraceae	Protium altsonii	copal	13.4	10-14,99		10-14.99
Euphorbiaceae	Hyeronima oblonga	rato caspi de alta altitude	17.1	15-19,99	16	15-19.99

Elaeocarpaceae	Sloanea guianensis	casha huayo	12.4	10-14,99	13	10-14.99
Lauraceae	Ocotea gracilis	moena inodora	22.6	20-24,99		15-19.99
Sapotáceas	Ecclinusa lanceolata	caimitillo	29.8	25-29,99	15	15-19.99

Legenda: diâmetro (d), classe de diâmetro (cd), altura (h), classe altimétrica (ca).

4.2. Lote n.º 02

4.2.1 Abundância absoluta e relativa

Foram inventariadas 32 árvores, pertencentes a 13 famílias, 18 géneros e 20 espécies diferentes.

As espécies locais mais abundantes foram: *Parkia velutina* Benoist, "pasaco", 04 árvores, (12,5%); *Ocotea myriantha* (Meisn.) Mez, "garza moena", 04 árvores, (12,5%); *Sloanea guianensis* (Aubl.) Benth., "casa huayo", 03 árvores, (9,4%), do total. Estas 03 espécies totalizaram 11 árvores, representando 34,4% do total (Tabela N° 13 e Gráfico N° 08).

Tabela n.º 13. Abundância absoluta e relativa das espécies florestais mais representativas do sítio.

Nome científico	Nome comum	absol (N°)	relação (%)
	ABUNDÂNCIA		
Parkia velutina	"pashaco"		12.5
Ocotea myriantha	"garça moena"		12.5
Sloanea guianensis	"casha huayo	3	9.4
subtotal		11	34.4
Total			100

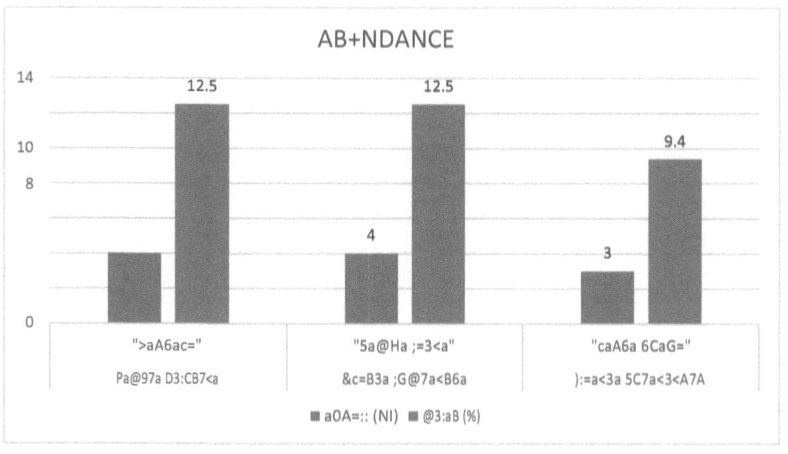

Gráfico N° 08. Abundância absoluta e relativa das espécies florestais mais representativas do sítio.

4.2.2 Frequência, absoluta e relativa

A frequência foi avaliada em 03 parcelas, divididas em 1 subparcela (0,6 ha).

Cada uma das 20 espécies florestais tinha um valor de frequência absoluta de 1 e um valor de frequência relativa de 4,76% do total (Quadro n° 14 e Gráfico n° 09).

Tabela N° 14. Frequência absoluta e relativa das espécies florestais mais representativas do sítio.

| | FREQUÊNCIA | | |
Nome científico	Nome comum	absol (N°)	relação (%)
Parkia velutina	"pashaco"	1	4.76
Ocotea myriantha	"garça moena"	1	4.76
Sloanea guianensis	"casha huayo	1	4.76
		3	14.29
			100

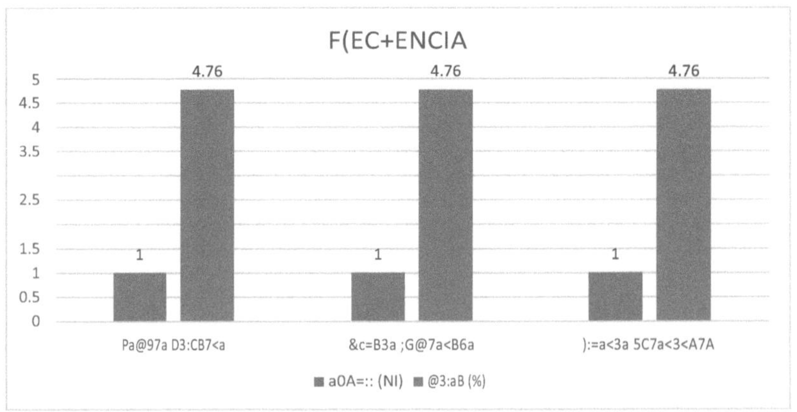

Gráfico N° 09. Frequência absoluta e relativa das espécies florestais mais representativas do sítio

4.2.3 Domínio, absoluto e relativo

Referente à área basal de 32 árvores, pertencentes a 20 espécies locais diferentes.

[222]As espécies com maior dominância absoluta e relativa foram *Parkia velutina* Benoist, "pashaco", 0,2 m, (27,5%); *Ocotea myriantha* (Meisn.) Mez, "garza moena", com, 0,1 m, (8,4%); seguida de *Sloanea guianensis* (Aubl.) Benth., "casha huayo", 0,1 m, (6,2%). [2] Estas 03 espécies florestais locais, totalizando 0,4 m de

área basal, representaram 42,1% do total (Tabela N° 15 e Gráfico N° 10).

[2]Tabela N° 15. Dominância absoluta e relativa (m) das espécies florestais mais representativas do sítio.

Nome científico	Nome comum	DOMINÂNCIA absol (^{m2})	relação (%)
Parkia velutina	"pashaco"	0.2	27.5
Ocotea myriantha	"garça moena"	0.1	8.4
Sloanea guianensis	"casha huayo	0.1	6.2
subtotal		0.4	42.1
Total		0.8	100

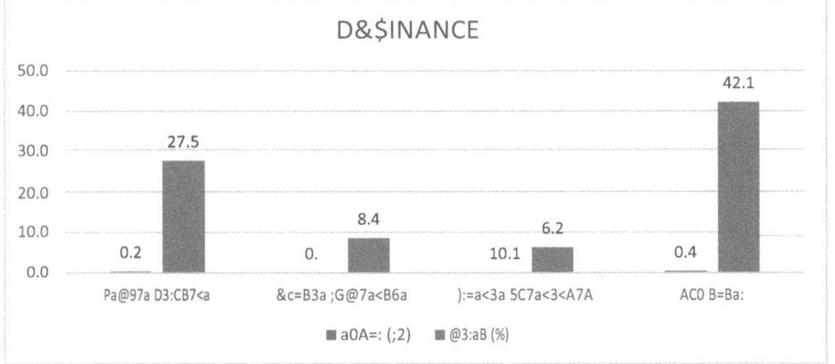

[2]Gráfico n° 10. Dominância absoluta e relativa das espécies (m).
florestas mais representativas do sítio

4.2.4 Índice de Valor de Importância, (IVI)

Foram calculadas 20 espécies locais diferentes para um total de 32 árvores.

As espécies com maior IVI foram *Parkia velutina* Benoist, "pashaco", 35,4, (11,8%); *Ocotea myriantha* (Meisn.) Mez, "garza moena", 25,7, (8,6% do total); *Sloanea guianensis* (Aubl.) Benth., "casha huayo", 23,4, (7,8%). Estas 03 espécies, num total de 84,5, representaram 28,2% do total (Tabela N° 16 e Gráfico N° 11).

Tabela N° 16. Índice de Valor de Importância (IVI) das espécies florestais mais representativas do sítio

	IVI		
Nome científico	Nome comum	IVI a 300%.	IVI a 100%
Parkia velutina	"pashaco"	35.4	11.8
Ocotea myriantha	"garça moena"	25.7	8.6
Sloanea guianensis	"casha huayo	23.4	7.8
subtotal		84.5	28.2

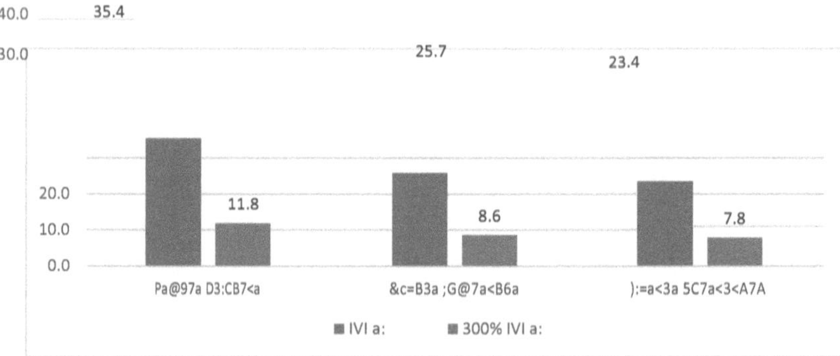

Figura N° 11. Índice de Valor de Importância (IVI) das espécies florestais mais representativas do sítio

Tabela N° 17. Índice de Valor de Importância Total (IVI), das espécies florestais mais representativas do sítio.

Família	Nome científico	Nome comum	IVI a 300%	IVI a 100%
Humiriáceas	Sacoglottis amazonica Mart.	papagaio shungo	35.42	11.81
Lauraceae	Ocotea myriantha (Meisn.) Mez	garça moena	25.70	8.57
Fabáceas	Parkia velutina Benoist	pashaco	23.42	7.81
Elaeocarpaceae	Sloanea guianensis (Aubl.) Benth.	casha huayo	20.31	6.77
Lauraceae	Nectandra paucinervia Coe-Teix.	moena	18.60	6.20
Anonáceas	Xylopia cuspidata Diels	Tartaruga do Cáspio	18.11	6.04
Sapotáceas	Ecclinusa lanceolata (Mart. & Eichl.) Pierre	caimitillo	13.67	4.56
Fabáceas	Macrolobium microcalyx Ducke	santo caspi	13.03	4.34
Lecythidaceae	Eschweilera parvifolia Mart. ex A. DC.	machimango preto	12.81	4.27
Urticáceas	Pourouma mollis Trécul	sacha uvilla	12.07	4.02
Burseraceae	Protium ferrugineum (Engl.) Engl.	copal vermelho	11.87	3.96
Fabáceas	Swartzia klugii (R.S. Cowan) Torke	sacha cumaceba	11.61	3.87
Lauraceae	Ocotea gracilis (Meisn.) Mez	moena inodora	10.39	3.46
Meliáceas	Guarea macrophylla Vahl	requia	9.87	3.29
Lauraceae	Ocotea bracteosa (Meisn.) Mez	moena de canela	9.58	3.19
Myristicaceae	Iryanthera paraensis Huber	cumalila	9.23	3.08
Melastomatacea e	Miconia symplectocaulos Pilg.	caracha caspi	8.97	2.99
Urticáceas	Cecropia latiloba Miq.	cetico branco	8.89	2.96
Lauraceae	Beilschmiedia sp.	moena de canela	8.82	2.94
Araliaceae	Dendropanax umbellatus (Ruiz & Pav.) Decne. & Planch.	fósforo caspi	8.82	2.94
Lecythidaceae	Eschweilera coriacea (A. DC.) S. A. Mori	machimango preto	8.82	2.94
		Total	300	100

4.2.5   Complexidade Florística, (CF)

A Complexidade Florística da área avaliada foi de 1/1, ou seja, para cada espécie havia 1 árvore (Tabela N° 18 e Gráfico N° 12).

Tabela n.º 18: Complexidade florística das espécies florestais mais representativas do sítio

Número de espécies	1
Número de árvores	1
COMPLEXIDADE FLORÍSTICA	1/1

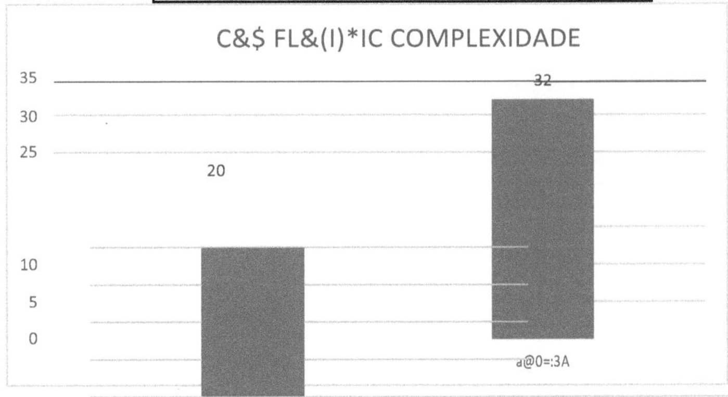

Figura n.º 12. Complexidade florística das espécies florestais mais representativas do sítio

4.2.6 Análise da estrutura horizontal

Referente ao diâmetro de cada uma das 32 árvores, distribuídas em grupos de classes de diâmetro, em intervalos de 5 cm a 10 cm dbh, a 1,30 m do solo.

Na classe de diâmetro I, entre 10 cm e 14,9 cm dbh, foram inventariadas 19 árvores (59,38%). Quantitativamente maiores, com 1 árvore, *Guarea macrophylla* Vahl, "requia", 14,6 cm; *Ocotea myriantha* (Meisn.) Mez, "garza moena", 14,3 cm.

Na classe de diâmetro II, entre 15 cm e 19,9 cm de DAP, foram inventariadas 05 árvores (15,63%). As árvores quantitativamente maiores foram *Sloanea guianensis* (Aubl.) Benth., "casa huayo", 18,5 cm; *Ocotea myriantha* (Meisn.) Mez, "garza moena", 18,3 cm, com 1 árvore; e *Ocotea myriantha* (Meisn.) Mez, "garza moena", 18,3 cm.

Na classe de diâmetro III, entre 20 cm e 24,9 cm dbh, foram inventariadas 05 árvores (15,63%). Quantitativamente maiores, com 1 árvore, foram *Macrolobium microcalyx* Ducke, "santo caspi", 23,50 cm; *Eschweilera parvifolia* Mart. ex A. DC., "machimango", 23,00 cm.

Na classe de diâmetro IV, entre 25 cm e 29,9 cm dbh, foram inventariadas 02 árvores (6,25%). Quantitativamente maiores, com 1 árvore, foram *Ocotea myriantha* (Meisn.) Mez, "moena de garça", 26,00 cm; *Xylopia cuspidata* Diels, "espintanilla broadleaf", 25,50 cm.

Na classe de diâmetro IX, entre 50 cm e 54,9 cm dbh, foi inventariada 01 árvore, da espécie *Sacoglottis amazonica* Mart, "loro shungo", 54,4 cm (Tabela N° 19 e Gráfico N° 13).

Tabela N° 19. Estrutura horizontal, (Eh), das espécies florestais mais representativas do sítio

	CLASSE DE DIÂMETRO (cm)	ÁRVORES N°	(%)
I	10 - 14.9	19	59.38
II	15 - 19.9	5	15.63
III	20 - 24.9	5	15.63
IV	25 - 29.9	2	6.25
-	....	....	....
X	50 - 54.9	1	2.5

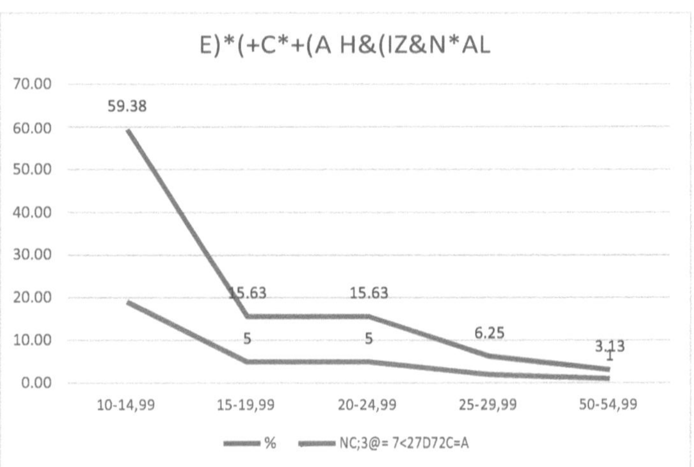

Gráfico N° 13. Estrutura horizontal das espécies florestais mais representativas do sítio

4.2.7 Análise da estrutura vertical

Referente à altura total de cada uma das 32 árvores, agrupadas em 20 espécies florestais diferentes, distribuídas em três (03) estratos: inferior (< 8), médio (9-15) e superior (> 15).

Foram encontradas 07 árvores (21,88%) com estrutura vertical inferior (EVI), entre 6 e 8 metros de altura total, compreendendo 02 espécies diferentes; *Guarea macrophylla* Vahl, "requia", 8 m; *Nectandra paucinervia* Coe-Teix, "moena", 8 m; *Parkia velutina* Benoist, "pashaco", 7 m, com 1 árvore; e *Parkia velutina* Benoist, "pashaco", 7 m.

Apresentaram estrutura vertical média, (EVM), entre 09 e 15 metros de altura total, destacaram-se 21 árvores (65,63%), reunidas em 16 espécies diferentes; entre outras, *Protium ferrugineum* (Engl.) Engl., "copal colorada", 15 m; *Parkia velutina* Benoist, "pashaco", 15 m; *Ocotea myriantha* (Meisn.) Mez, "garza moena", 03 árvores.

Havia 04 árvores (12,50%) com uma estrutura vertical superior (EVS) superior a 16 metros de altura, compreendendo 04 espécies diferentes, incluindo, entre outras, *Cecropia latiloba* Miq, "cetico blanco", 24 m; *Sacoglottis amazonica* Mart. (Tabela N° 20 e Gráfico N° 14).

Tabela N° 20. Estrutura vertical, (Ev), das espécies florestais mais representativas do sítio

ALTURA TOTAL E.V. (N.º)(%)		ÁRVORES (m)
ABAIXO	< 8	21.88
MEDIO	9-16	21	65.63
SUPERIOR	>17	12.5

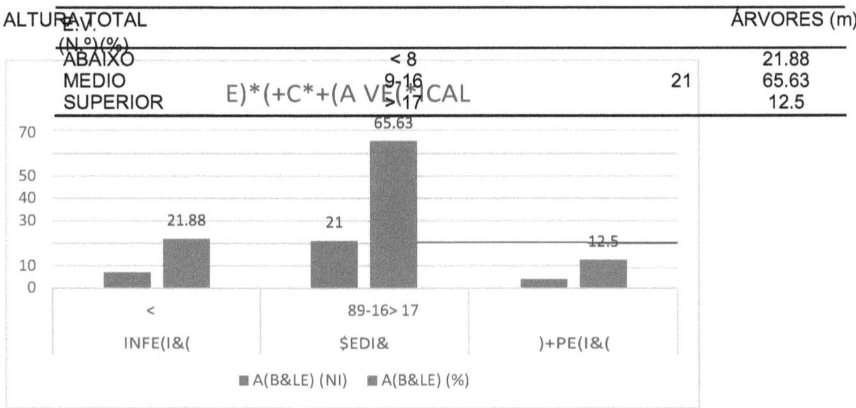

Gráfico n.º 14. Estrutura vertical, (Eh), das espécies florestais mais comuns representante do local

Quadro n° 21: Análise da estrutura horizontal e vertical das espécies florestais mais representativas do sítio

Família	Nome científico	Nome Com)n	d (cm)	cd	h	ca
LaC@ac3a3	&c=B3a 5@ac7:7A	;=3<a A7< =:=@	16.4	15-19,99	12	10-14,99
)a>=Bac3a3	Ecc:7<CAa :a<c3=:aBa	ca7;7B7::=	12.4	10-14,99	9	5-9,99
E:a3=ca@>ac3a3	):=a<3a 5C7a<3<A7A	caA6a 6CaG=	18.5	15-19,99	11	10-14,99
FaOac3a3	Pa@97a D3:CB7<a	>aA6ac=	13.2	10-14,99	15	15-19,99
BC@A3@ac3a3	P@=B7C; 43@@@C57<3C;	c=>a: c=:=@a2=	20.7	20-24,99	15	15-19,99
FaOac3a3	Pa@97a D3:CB7<a	>aA6ac=		10-14,99	10	10-14,99
LaC@ac3a3	&c=B3a ⌝ G@7a<B6a	5a@Ha ⌝=3<a	12.1	10-14,99		10-14,99
A<<=<ac3a3	XG:=>7a cCA>72aBa	B=@BC5a caA>7	10.6	10-14,99		5-9,99
L3cGB672ac3a3	EAc6E37:3@a c=@7ác3a	⌝ ac67;a<5= <35@=	10	10-14,99		5-9,99
L3cGB672ac3a3	EAc6E37:3@a >a@D74=:7a	;ac67;a<5=	23	20-24,99	21	20-24,99
LaC@ac3a3	B37:Ac6;7327a A>.	ca<3:a ⌝=3<a	10	10-14,99	8	5-9,99
FaOac3a3	)Ea@BH7a 9:C577	Aac6a cC;ac30a	20	20-24,99	12	10-14,99
LaC@ac3a3	&c=B3a 0@acB3=Aa	ca<3:a ;=3<a	13.5	10-14,99	14	10-14,99
$3:7ac3a3	GCa@3a ;ac@=>6G::a	@3?C7a	14.6	10-14,99	8	5-9,99
$3:aAB=;aBac3a3	$7c=<7a AG;>:3cB=caC:=A	ca@ac6a caA>7	10.8	10-14,99	12	10-14,99
+@B7cac3a3	C3c@=>7a :aB7:=0a	c3B7c= 0:a<c=	10.4	10-14,99		20-24,99
A@a:7ac3a3	D3<2@=>a<aF C;03::aBCA	4óA4=@= caA>7	10	10-14,99	7	5-9,99
FaOac3a3	Pa@97a D3:CB7<a	>aA6ac=	10.8	10-14,99		10-14,99
)a>=Bac3a3	Ecc:7<CAa :a<c3=:aBa	ca7;7B7::=	11.5	10-14,99	9	5-9,99
LaC@ac3a3	N3cBa<2@a >aCc7<3@D7a	;=3<a	26	25-29,99		15-19,99

39

			d	cd		ca
LaC@ac3a3	N3cBa<2@a >aCc7<3@D7a	;=3<a	11.8	10-14,99	8	5-9,99
FaOac3a3	Pa@97a D3:CB7<a	>aA6ac=	15.8	15-19,99		5-9,99
FaOac3a3	$ac@=:=07C; ;7c@=ca:GF	Aa<B= caA>7	23.5	20-24,99	10	10-14,99
LaC@ac3a3	&c=B3a ;G@7a<B6a	5a@Ha ;=3<a		15-19,99		10-14,99
+@B7cac3a3	P=C@=C;a ;=::7A	Aac6a CD7::a	21.2	20-24,99		15-19,99
$G@7AB7cac3a3	I@Ga<B63@a >a@a3<A7A	cC;a:7::a		10-14,99		5-9,99
HC;7@7ac3a3	)ac=5:=BB7A a;aHó<7ca	:=@= A6C<5=	54.4	50-54,99	23	20-24,99
E:a3=ca@>ac3a3	):=a<3a 5C7a<3<A7A	caA6a 6CaG=	11.8	10-14,99		10-14,99
LaC@ac3a3	&c=B3a ;G@7a<B6a	5a@Ha ;=3<a	14.3	10-14,99	14	10-14,99
E:a3=ca@>ac3a3	):=a<3a 5C7a<3<A7A	caA6a 6CaG=	13.5	10-14,99	13	10-14,99
LaC@ac3a3	&c=B3a ;G@7a<B6a	5a@Ha ;=3<a	18.2	15-19,99		15-19,99
A<<=<ac3a3	XG:=>7a cCA>72aBa	B=@BC5a caA>7	25.5	25-29,99		15-19,99

Legenda: diâmetro (d), classe de diâmetro (cd), altura (h), classe altimétrica (ca).

4.3. Lote n.º 03

4.4.

4.4.1 Abundância absoluta e relativa

Foram inventariadas 40 árvores, pertencentes a 15 famílias, 20 géneros e 23 espécies locais diferentes.

As espécies mais abundantes foram: *Parkia velutina* Benoist, "pashaco", 06 árvores, (15,0%); *Xylopia cuspidata* Diels, "espintanilla ancha hoja", 05 árvores, (12,5%); *Hevea pauciflora* (Spruce ex Benth.) Müll. Arg., "shiringa", 03 árvores, (7,5%). Estas 03 espécies, num total de 14 árvores, representaram 32,5% do total (Tabela N° 22 e Gráfico N° 15).

Quadro n.º 22. Abundância absoluta e relativa das espécies florestais mais representativas do sítio

Nome científico	ABUNDÂNCIA Nome comum	absol (N°)	relação (%)
Parkia velutina	pashaco	6	
Xylopia cuspidata	Espinheiro de folha larga de Shiringa	5	12.5
Hevea pauciflora			7.5
	subtotal		32.5
	Total	40	100

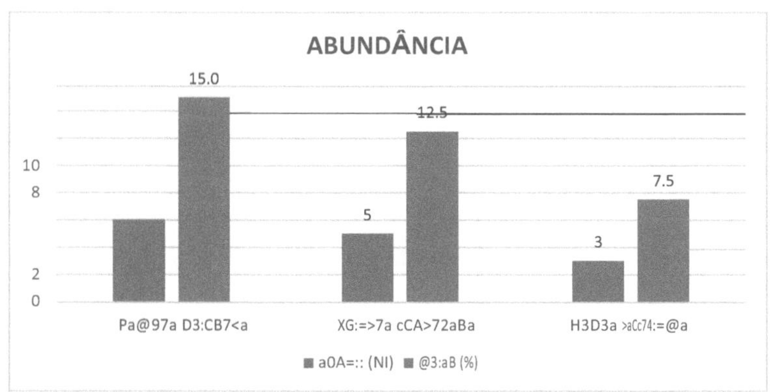

Gráfico nº 15. Abundância absoluta e relativa das espécies florestais mais representativas do sítio

4.4.2 Frequência, absoluta e relativa

A frequência foi avaliada em 03 parcelas, divididas em 1 subparcela (0,6 ha).

Cada uma das 40 espécies florestais locais tinha um valor de frequência absoluta de 1 e um valor de frequência relativa de 4,17%. (Quadro nº 23 e Gráfico nº 16).

Tabela N° 23. Frequência absoluta e relativa das espécies florestais mais representativas do sítio

FREQUÊNCIA

Nome científico	Nome comum	absol (N°)	relação (%)
Parkia velutina	pashaco	1	4.17
Xylopia cuspidata	Espintanilla folha larga	1	4.17
Hevea pauciflora	shiringa	1	4.17
	subtotal		12.51
	Total	24	100

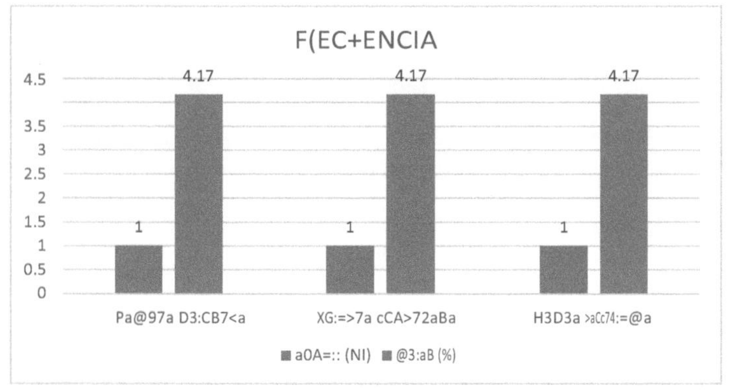

4.4.3 Domínio, absoluto e relativo

Refere-se à área basal das 40 árvores pertencentes a 23 espécies florestais
regionais diferentes.

[2]As espécies com maior dominância absoluta e relativa foram *Parkia nitida* Miq.,
"pashaco", com 0,26 m , (15,73%); seguida de *Hevea pauciflora* (Spruce ex Benth.)
Müll. [22]Arg., "shiringa", 0,14 m , (8,57%); *Xylopia cuspidata* Diels, "espintanilla
ancha hoja ancha", 0,13 m , (8,04%). [2] Estas 03 espécies florestais locais
totalizaram 0,53 m de área basal, representando 32,34% do total (Tabela N° 24 e
Gráfico N° 17).

[2]Tabela N° 24. Dominância absoluta e relativa (m) das espécies florestais mais
representativas do sítio.

		DOMINÂNCIA	
Nome científico	Nome	comumabsol (N°)	relat (%)
Parkia velutina	pashaco	0.26	15.73
Hevea pauciflora	shiringa	0.14	8.57
Xylopia cuspidata	Espintanilla folha larga	0.13	8.04
		subtotal 0.53	32.34
		Total 1.67	100

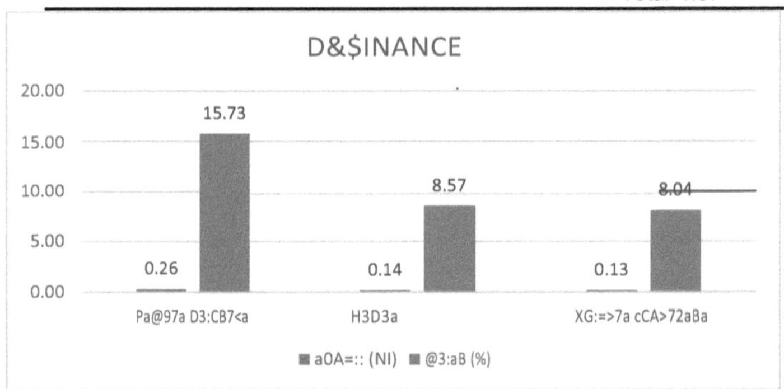

[2]Gráfico n° 17. Dominância absoluta e relativa das espécies (m).
florestas mais representativas do sítio

4.4.4 Índice Valor de importância

O Índice de Valor de Importância (IVI) das espécies na parcela avaliada foi
calculado para 23 espécies diferentes, agrupando um total de 40 árvores. As
espécies com maior IVI foram *Parkia velutina* Benoist, "pashaco", 35,08, (11,69%);
Xylopia cuspidata Diels, "espintanilla broadleaf", 24,89, (8,30%); *Hevea pauciflora*

(Spruce ex Benth.) Müll. Arg., "shiringa", 20,42, (6,81%). [2]Estas 03 espécies, num total de 80,39 m, representaram 26,80% do total (Tabela N° 25 e Gráfico N° 18).

Tabela N° 25. Índice de Valor de Importância (IVI) das espécies florestais mais representativas do sítio

Nome científico	IVI Nome comum		IVI a 300%.	IVI a 100%
Parkia velutina	pashaco		35.08	11.69
Xylopia cuspidata	toruga caspi shiringa		24.89	8.3
Hevea pauciflora			20.42	6.81
		subtotal	80.39	26.8
		Total		100

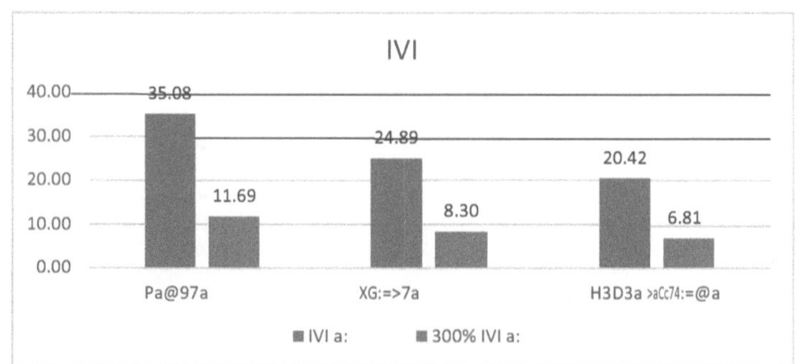

Figura N° 18. Índice de Valor de Importância (IVI) das espécies mais representativas do sítio

Tabela N° 26. Índice de valor de importância (IVI) das espécies florestais mais representativas do sítio

Família	Nome científico	Nome comum	IVI a 300%	IVI a 100%
Fabáceas	Parkia velutina Benoist	pashaco	35.08	11.69
Anonáceas	Xylopia cuspidata Diels	Tartaruga do Cáspio	24.89	8.30
Euphorbiaceae	Hevea pauciflora (Spruce ex Benth.) Müll. Arg.	shiringa	20.42	6.81
Anacardiaceae	Tapirira guianensis Aubl.	wira caspi	18.12	6.04
Clusiaceae	Moronobea coccinea Aubl.	caspa de enxofre	17.92	5.97
Lauraceae	Ocotea gracilis (Meisn.) Mez	moena inodora	17.76	5.92
Fabáceas	Macrolobium microcalyx Ducke	santo caspi	17.11	5.70
Sapotáceas	Micropholis venulosa (Mart. & Eichl.) Pierre	ballet	14.70	4.90
Myristicaceae	Iryanthera tricornis Ducke	pucuna caspi	12.45	4.15
Urticáceas	Pourouma tomentosa Mart.	sacha uvilla	11.14	3.71
Apocináceas	Macoubea guianensis Aubl.	xarope de huayo	9.15	3.05
Olacaceae	Tetrastylidium peruvianum Sleumer	yutubanco	9.11	3.04
Myristicaceae	Iryanthera juruensis Warb.	cumalila vermelha	8.68	2.89
Myrtaceae	Calyptranthes ruiziana O. Berg	guayabilla	8.02	2.67
Lecythidaceae	Eschweilera tessmannii Knuth	machimango colorado	7.98	2.66
Sapotáceas	Micropholis egensis (A. DC.) Pierre	quinilha	7.89	2.63
Sapotáceas	Chrysophyllum bombycinum T. D. Penn.	quinilla colorada	7.78	2.59
Fabáceas	Tachigali tessmannii Harms	tangarana	7.73	2.58
Lecythidaceae	Eschweilera albiflora (A. DC.) Miers	machimango colorado	7.44	2.48
Burseraceae	Protium ferrugineum (Engl.) Engl.	copal vermelho	7.42	2.47
Fabáceas	Inga brachyrhachis Harms	shimbillo	7.41	2.47
Malpighiaceae	Byrsonima stipulina J. F. Macbr.	sacha indano	7.40	2.47
Myrtaceae	Eugenia florida DC.	goiaba sacha	7.37	2.46
		Total	**300**	**100**

4.4.5 Complexidade florística, (CF)

A Complexidade Florística da área avaliada foi de 1/1, ou seja, para cada espécie havia 1 árvore (Tabela N° 27 e Gráfico N° 19).

Tabela 27 : Complexidade florística das espécies florestais
mais representativas   mais representativas do sítio

Número de espécies	1
Número de árvores	1
COMPLEXIDADE FLORÍSTICA	1/1

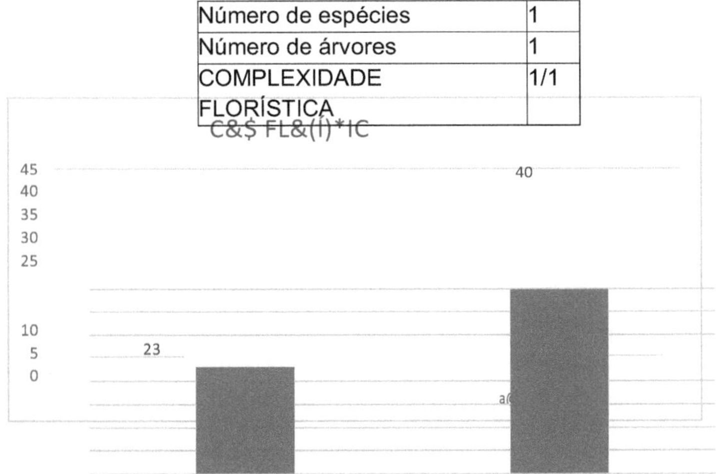

Figura N° 19. Complexidade florística das espécies florestais mais representativas
do sítio

4.4.6 Análise da estrutura horizontal

A estrutura horizontal (Eh), das espécies na parcela avaliada, referiu-se ao diâmetro de 40 árvores, em faixas de 5 cm a 10 cm dbh, a 1,30 m do solo.

Na classe de diâmetro I, entre 10 cm e 29,9 cm dbh, foram inventariadas 24 árvores (60,0%). As árvores quantitativamente maiores foram *Xylopia cuspidata* Diels, "espintanilla broadleaf", 19,9 cm, 01 árvore; *Parkia velutina* Benoist, "pashaco", 19,7 cm, 01 árvore; *Iryanthera juruensis* Warb,
17,7 cm, 01 árvore.

Na classe de diâmetro II, entre 20 cm e 29,9 cm dbh, foram inventariadas 10 árvores (25,0%). Quantitativamente maiores, *Macrolobium microcalyx* Ducke "santo caspi", 28,4 cm, 01 árvore; *Hevea pauciflora* (Spruce ex Benth.) Müll. Arg., "shiringa", 24,4 cm, 01 árvore.

Classe de diâmetro III, entre 30 cm e 39,9 cm dbh, foram inventariadas 04 árvores, (10,0%). Quantitativamente, *Tapirira guianensis* Aubl., "wira caspi", 37,7 cm, 01 árvore; *Iryanthera tricornis* Ducke, "pucuna caspi", 34,5 cm, 01 árvore.
Na classe de diâmetro IV, entre 40 cm e 49,9 cm dbh, foi inventariada 01 árvore (2,5%). Quantitativamente maior, *Moronobea coccinea* Aubl., "azufre caspi", 48,5 cm, 01 árvore.

Na classe de diâmetro V, entre 50 cm e 59,9 cm DAP, foi inventariada 01 árvore (2,5%). *Parkia velutina* Benoist, "pashaco", 57,8 cm, 01 árvore (Tabela N° 28 e Gráfico N° 20).

Quadro n° 28. Estrutura horizontal, (Eh), das espécies florestais mais representativas do sítio

	CLASSE DE DIÂMETRO (cm)	ÀRBOLES NÃO.	%
I	10-19.99	24	
II	20-29.99	10	25
III	30-39.99		10
IV	40-49.99	1	2.5
V	50-59.99	1	2.5
		40	100

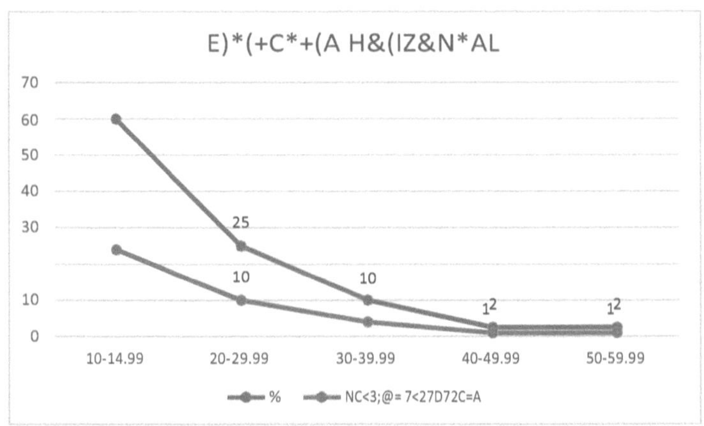

Estrutura horizontal, (Eh), das espécies florestais mais representativas do sítio.

4.3.7 Análise da estrutura vertical

A estrutura vertical (Ev) ou Posição Sociológica das espécies na parcela avaliada, referente à altura total de cada uma das 40 árvores agrupadas em 23 espécies diferentes.

Apresentaram estrutura vertical inferior (EVI), entre 5 e 9,9 m de altura total, 04 árvores, (10,00%), reunidas em 03 espécies diferentes; *Protium ferrugineum* (Engl.) Engl., "copal colorado", 01 árvore; *Eschweilera albiflora* (A. DC.) Miers, "machimango", 01 árvore.

Apresentaram Estrutura Vertical Média (EVM), entre 09 e 24 m de altura total, com 35 árvores (87,50%), compreendendo 22 espécies diferentes. *Iryanthera tricornis* Ducke, "pucuna caspi", 01 árvore, destacou-se com 24 m de altura; *Moronobea coccinea* Aubl., "azufre caspi", 01 árvore, com 23 m; *Macrolobium microcalyx* Ducke, "santo caspi", 01 árvore, com 21 m de altura.

Apresentaram Estrutura Vertical Superior, (EVS), com uma altura de 25 metros, 01 árvore, *Parkia velutina* Benoist, "pashaco". (Tabela N° 29 e Gráfico N° 21).

Tabela N° 29. Estrutura Vertical, (Ev), das espécies florestais mais representativas do sítio

	GAMA DE ALTURA TOTAL (m)	ÁRVORES NÃO.	%
I	5-9.99		17.5
II	10-14.99		35.0
III	15-19.99	15	37.5
IV	20-24.99		7.5
V	25-29.99	1	2.5
		40	100

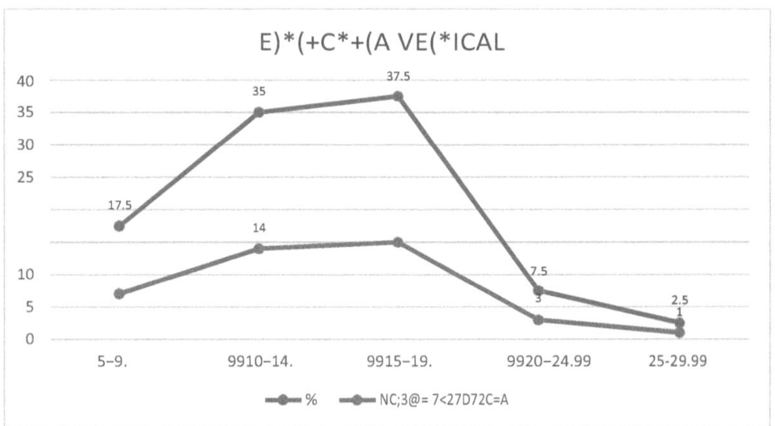

Gráfico n° 21. Estrutura vertical, (Ev), das espécies florestais mais importantes (Ev).
representante do local

Quadro n.º 30: Análise da estrutura horizontal e vertical, parcela n.º 03

Família	Espécies	Nome comum	d (cm)	cd	h	ca
Sapotáceas	Micropholis venulosa	ballet	17,3	10-19.99		10-14.99
Anacardiaceae	Tapirira guianensis	wira caspi	21,0	20-29.99		15-19.99
Euphorbiaceae	Hevea pauciflora	shiringa	21,7	20-29.99		15-19.99
Anonáceas	Xylopia cuspidata	Tartaruga do Cáspio	19,8	10-19.99	17	15-19.99
Anonáceas	Xylopia cuspidata	Tartaruga do Cáspio	19,9	10-19.99		15-19.99
Fabáceas	Inga brachyrhachis	shimbillo	10,9	10-19.99		10-14.99
Sapotáceas	Micropholis egensis	quinilha	14,9	10-19.99	12	10-14.99
Sapotáceas	Micropholis venulosa	ballet	13,6	10-19.99		10-14.99
Malpighiaceae	Byrsonima stipulina	sacha indano	10,8	10-19.99		5-9.99
Lecythidaceae	Eschweilera albiflora	machimango	11,2	10-19.99	8	5-9.99
Urticáceas	Pourouma tomentosa	sacha uvilla	30,2	30-39.99	19	15-19.99
Lecythidaceae	Eschweilera tessmannii	machimango colorado	15,5	10-19.99	11	10-14.99
Sapotáceas	Chrysophyllum bombycinum	quinilla colorada	14,1	10-19.99		10-14.99
Fabáceas	Parkia velutina	pashaco	15,5	10-19.99		10-14.99
Euphorbiaceae	Hevea pauciflora	shiringa	27,0	20-29.99	16	15-19.99
Anonáceas	Xylopia cuspidata	Tartaruga do Cáspio	21,0	20-29.99		15-19.99
Fabáceas	Parkia velutina	pashaco	14,7	10-19.99		10-14.99
Lauraceae	Ocotea gracilis	moena inodora	11,6	10-19.99		5-9.99
Fabáceas	Parkia velutina	pashaco	19,7	10-19.99		15-19.99
Fabáceas	Macrolobium microcalyx	santo caspi	29,0	20-29.99		15-19.99
Apocináceas	Macoubea guianensis	xarope de huayo	22,1	20-29.99		10-14.99
Sapotáceas	Micropholis venulosa	ballet	11,0	10-19.99	9	5-9.99
Lauraceae	Ocotea gracilis	moena inodora	10,8	10-19.99		5-9.99
Myristicaceae	Iryanthera juruensis	cumalila vermelha	19,7	10-19.99	14	10-14.99
Anacardiaceae	Tapirira guianensis	wira caspi	37,7	30-39.99	19	15-19.99
Olacaceae	Tetrastylidium peruvianum	yutubanco	21,9	20-29.99		15-19.99
Myristicaceae	Iryanthera tricornis	pucuna caspi	34,5	30-39.99		20-24.99
Clusiaceae	Moronobea coccinea	caspa de enxofre	48,5	40-49.99	23	20-24.99
Fabáceas	Tachigali tessmannii	tangarana	13,7	10-19.99	10	10-14.99
Fabáceas	Parkia velutina	pashaco	57,8	50-59.99	25	25-29.99
Burseraceae	Protium ferrugineum	copal vermelho	11,0	10-19.99	8	5-9.99
Lauraceae	Ocotea gracilis	moena inodora	31,7	30-39.99		15-19.99
Fabáceas	Macrolobium microcalyx	santo caspi	28,4	20-29.99	21	20-24.99
Myrtaceae	Calyptranthes ruiziana	guayabilla	15,8	10-19.99		10-14.99
Euphorbiaceae	Hevea pauciflora	shiringa	24,9	20-29.99		15-19.99
Fabáceas	Parkia velutina	pashaco	14,0	10-19.99		10-14.99
Myrtaceae	Eugenia florida	goiaba sacha	10,5	10-19.99		5-9.99
Fabáceas	Parkia velutina	pashaco	21,3	20-29.99	15	15-19.99
Anonáceas	Xylopia cuspidata	Tartaruga do Cáspio	12,0	10-19.99	14	10-14.99
Anonáceas	Xylopia cuspidata	Tartaruga do Cáspio	18,3	10-19.99	15	15-19.99

Legenda: diâmetro (d), classe de diâmetro (cd), altura (h), classe altimétrica (ca).

4.5. Lote n.º 04

4.5.1 Abundância absoluta e relativa

Foram inventariadas 16 árvores, pertencentes a 9 famílias, 11 géneros e 12 espécies diferentes.

As espécies locais mais abundantes foram: *Alchornea triplinervia* (Spreng.) Müll. Arg., "zancudo caspi", 02 árvores, (12,50%); *Hevea pauciflora* (Spruce ex Benth.) Müll. Arg., "shiringa", 02 árvores, (12,50%); *Guarea macrophylla* Vahl, "requia", 01 árvore, (6,3%). Essas 03 espécies florestais, totalizando 05 árvores, representaram 31,3% do total (Tabela N° 31 e Gráfico N° 22).

Quadro n.º 31. Abundância absoluta e relativa das espécies florestais mais representativas do sítio

Nome científico	ABUNDÂNCIA		comumabsol (N°) relat (%)
	Nome		
Alchornea triplinerviazancudo	caspi212		.5
Hevea pauciflorashiringa212	.5		
Guarea macrophyllarequia16	.3		
subtotal531			,3
Total16100			

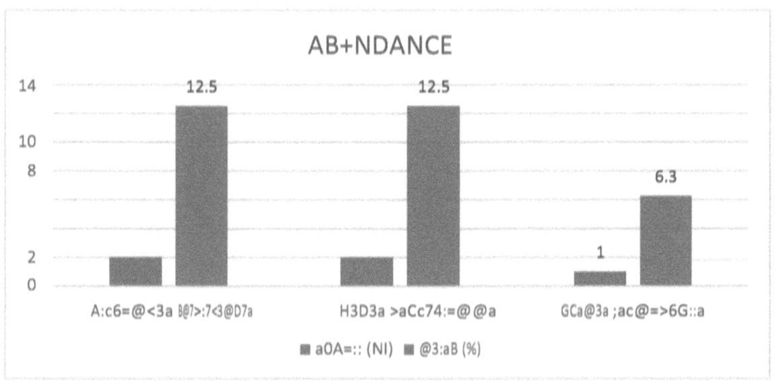

Figura n.º 22. Abundância absoluta e relativa das espécies florestais mais importantes do mundo.
representante do local

4.5.2 Frequência, absoluta e relativa

A frequência foi avaliada em 03 parcelas, divididas em 1 subparcela (0,6 ha).

Cada uma das 23 espécies florestais locais tinha um valor de frequência absoluta de 1 e um valor de frequência relativa de 8,3%. (Quadro n° 32 e Gráfico n° 23).

Quadro n° 32. Frequência absoluta e relativa das espécies florestais mais representativas do sítio

Nome científico	Nome	comumAbsol (N°)	
	FREQUÊNCIA		
Relat (%) Guarea	macrophyllarequia	1	8.3
Alchornea triplinerviazancudo	caspi18	.3	
Hevea pauciflorashiringa18	.3		
subtotal324		,9	
Total16100			

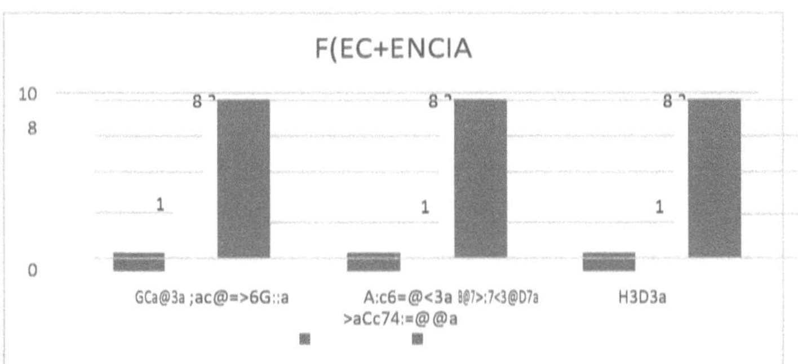

Gráfico n° 23: Frequência absoluta e relativa das espécies florestais mais representativas do sítio

4.5.3 Domínio, absoluto e relativo

Referente à área basal das 16 árvores pertencentes a 12 espécies florestais regionais diferentes.

[2]Espécies com maior dominância absoluta e relativa: *Guarea macrophylla* Vahl, "requia", 0,1 m , (22,72%); *Alchornea triplinervia* (Spreng.) Müll. [2]Arg., "zancudo caspi", 0,1 m , (15,06%); *Hevea pauciflora* (Spruce ex Benth.) Müll. [2]Arg., "shiringa", 0,1 m , (11,26%). Estas 03 espécies locais totalizaram
[2] 0,3 m de área basal, representaram 49,04% do total (Tabela N° 33 e Gráfico N° 24).

Quadro n° 33. [2]Dominância, (m), absoluta e relativa, das espécies florestais mais representativas do sítio

Nome científico	DOMINÂNCIA Nome comum		absol (^{m2})	relação (%)
Guarea macrophylla	requia		0.1	22.72
Alchornea triplinervia	capim-xaraés caspi		0.1	15.06
Hevea pauciflora			0.1	11.26
		subtotal	0.3	49.04
		Total	16.00	100

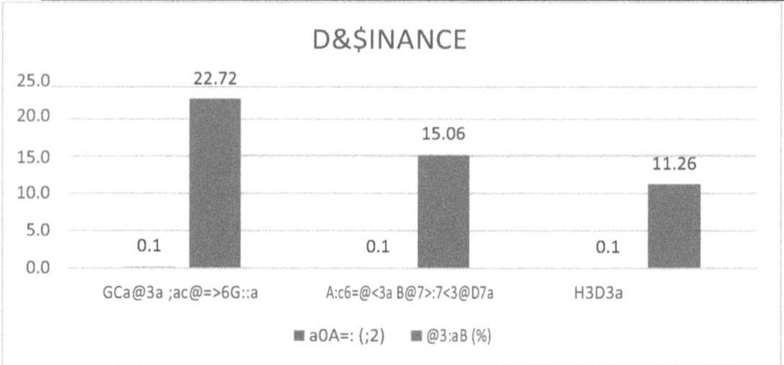

[2]Gráfico n° 24. Dominância absoluta e relativa das espécies (m).
florestas mais representativas do sítio

4.5.4 Índice Valor de importância

O Índice de Valor de Importância (IVI) das espécies da parcela avaliada foi calculado para 12 espécies diferentes, que agruparam um total de 16 árvores.

As espécies com maior IVI foram *Guarea macrophylla* Vahl, "requia", 37,31, (12,44%); *Alchornea triplinervia* (Spreng.) Müll. Arg., "zancudo caspi", 35,90, (11,97%); *Hevea pauciflora* (Spruce ex Benth.) Müll. Arg., "shiringa", 32,10, (10,70%). Estas 03 espécies, totalizando 105,31 IVI, representaram 35,11% do total (Tabela N° 34 e Gráfico N° 25).

Quadro n° 34. Índice de Valor de Importância, (IVI), das espécies florestais mais representativas do sítio

Nome	comumEspécieIVI a	IVI 300%IVI a 100% Guarea	macrophyllarequia
	37.31		12.44
Alchornea	triplinerviazancudo caspi35	.9011	.97
Hevea	pauciflorashiringa32	.	1010.70
subtotal105			.3135 .11
	Total300100		

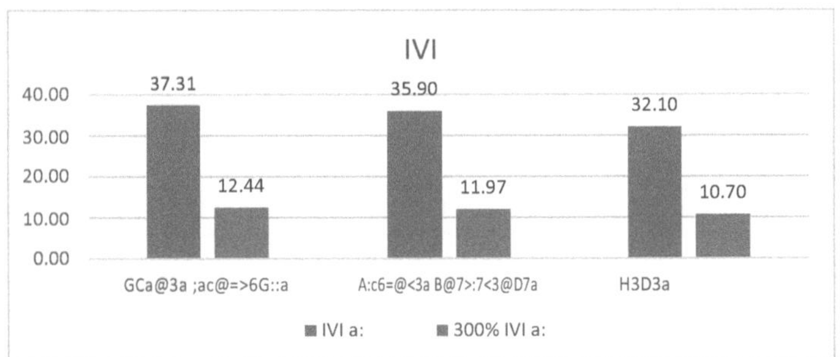

Figura N° 25. Índice de Valor de Importância (IVI) das espécies mais importantes, por espécie
representante do local

Tabela N° 35: Índice de valor de importância (IVI), das espécies florestais mais representativas do sítio

Família	Nome científico	Nome comum	IVI a 300%	IVI a 100%
Meliáceas	Guarea macrophylla Vahl	requia	37.3	12.4
Euphorbiaceae	Alchornea triplinervia (Spreng.) Müll. Arg.	Mosquito do Cáspio	35.9	12.0
Euphorbiaceae	Hevea pauciflora (Spruce ex Benth.) Müll. Arg.	shiringa	32.1	10.7
Myristicaceae	Osteophloeum platyspermum (A. DC.) Warb.	cumala chorão	30.5	10.2
Sapotáceas	Pouteria torta (Mart.) Radlk.	quinilha branca	30.1	10.0
Anonáceas	Xylopia cuspidata Diels	Tartaruga do Cáspio	24.3	8.1
Apocináceas	Aspidosperma schultesii Woodson	quilleberdon	23.8	7.9
Lecythidaceae	Eschweilera coriacea (A. DC.) S. A. Mori	machimango preto	19.8	6.6
Lauraceae	Aniba perutilis Hemsl.	PRIMAVERA AMARELA	17.3	5.8
Myristicaceae	Iryanthera polyneura Ducke	cumala vermelha	16.6	5.5
Myristicaceae	Iryanthera juruensis Warb.	cumalila vermelha	16.4	5.5
Malpighiaceae	Byrsonima stipulina J. F. Macbr.	sacha indano	15.9	5.3
		Total		**100**

4.5.5 Complexidade florística, (CF)

A Complexidade Florística da área avaliada foi de 1/1, ou seja, para cada espécie havia 1 árvore (Tabela N° 35 e Gráfico N° 26).

Tabela 36 : Complexidade florística das espécies florestais mais representativas mais representativas do sítio

Número de espécies	1
Número de árvores	1
COMPLEXIDADE FLORÍSTICA	1/1

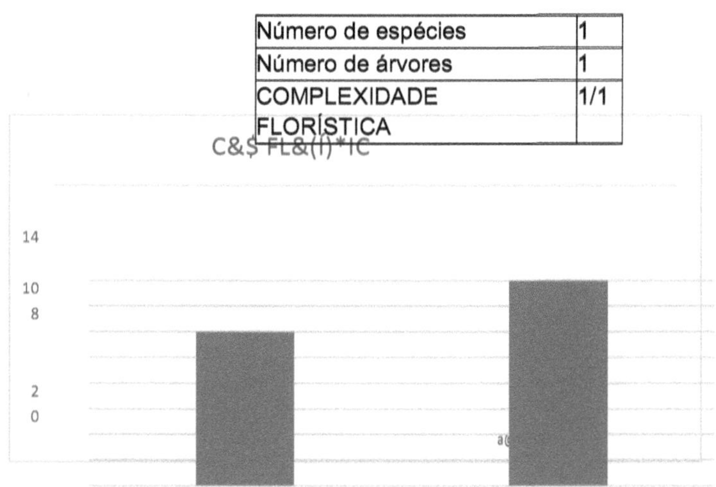

Complexidade florística das espécies florestais mais representativas do sítio.

4.5.6 Análise da estrutura horizontal

A estrutura horizontal (Eh) das espécies avaliadas refere-se ao diâmetro de 16 árvores, em intervalos de 5 cm a 10 cm dbh, a 1,30 m do solo.

Classe de diâmetro I, entre 10 cm e 14,9 cm dbh, foram inventariadas 07 árvores (43,75 %). Quantitativamente maior, *Aniba perutilis* Hemsl., "moena amarela", 14,3 cm, 01 árvore.

Na classe de diâmetro II, entre 15 cm e 19,9 cm dbh, foram inventariadas 04 árvores (25,00%). Quantitativamente maiores, destacaram-se as seguintes árvores: *Pouteria torta* (Mart.) Radlk., "quinilla blanca", 18,9 cm, 01 árvore; *Eschweilera coriacea* (A. DC.) S. A. Mori, "machimango blanco", 19,8 cm, 01 árvore.

Na classe de diâmetro IV, entre 25 cm e 29,9 cm dbh, foram inventariadas 03 árvores (18,75%). Quantitativamente maior, *Alchornea triplinervia* (Spreng.) Müll. Arg., "zancudo caspi", 29,80 cm, 01 árvore.

Classe diamétrica V, entre 30 cm e 34,9 cm dbh, foi inventariada 01 árvore, com destaque *para Osteophloeum platyspermum* (A. DC.) Warb., "cumala chorona", 34,5 cm.

Classe de diâmetro VII, entre 40 cm e 49,9 cm de DAP, foi avaliada 01 árvore, *Guarea macrophylla* Vahl, "requia", 41,2 cm (quadro n° 37 e gráfico n° 27).

Quadro n° 37. Estrutura horizontal, (Eh), das espécies florestais mais representativas do sítio

ÁRVORES DE CLASSES DE	(cm)	N.ÃO.	DIÂMETRO %
I	10-14.99		43.75
II	15-19.99		25
-	....		-
IV	25-29.99		18.75
V	30-34.99	1	6.25
	....		-
	40-44.99	1	6.25
			100

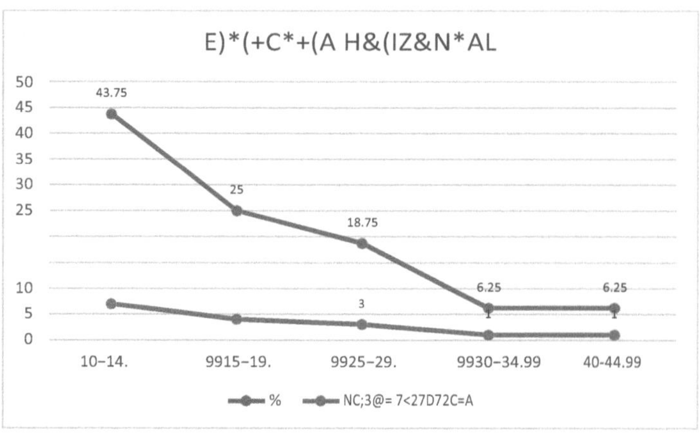

Estrutura horizontal, (Eh), das espécies florestais mais representativas do sítio.

4.5.7 Análise da estrutura vertical

A Estrutura Vertical (EV) ou Posição Sociológica das espécies na parcela avaliada, referente à altura total de cada uma das 16 árvores, agrupadas em 12 espécies diferentes.

Estrutura Vertical Inferior, (EVI), até 6 m de altura total, 01 árvore, (6,25%); *Iryanthera juruensis* Warb., "cumalilla colorada", se destacou.

Apresentavam Estrutura Vertical Média (EVM), entre 07 e 14 metros de altura total, com 09 árvores (56,25%), compreendendo 08 espécies diferentes. *Eschweilera coriacea* (A. DC.) S. A. Mori, "machimango blanco", 01 árvore; *Pouteria torta* (Mart.) Radlk., "quinilla blanca", 01 árvore; *Alchornea triplinervia* (Spreng.) Müll. Arg., "zancudo caspi", 01 árvore.

Apresentaram Estrutura Vertical Superior, (EVS), mais de 16 m de altura, 06 árvores; as que mais se destacaram foram *Osteophloeum platyspermum* (A. DC.) Warb., "cumala llorona", 01 árvore, 23 metros de altura; *Guarea macrophylla* Vahl, "requia", 01 árvore, 23 metros de altura; *Alchornea triplinervia* (Spreng.) Müll. Arg., "zancudo caspi", 01 árvore, 22 m de altura (Tabela N° 38 e Gráfico N° 28).

Quadro n° 38. Estrutura Vertical, (Ev), das espécies florestais mais representativas do sítio

ÁRVORES (m)	(N.°)	(%)
E.V.ABAIXO	< 7	1	6.25
MEDIO	8-15	9	56.25
SUPERIOR	> 16		37.5

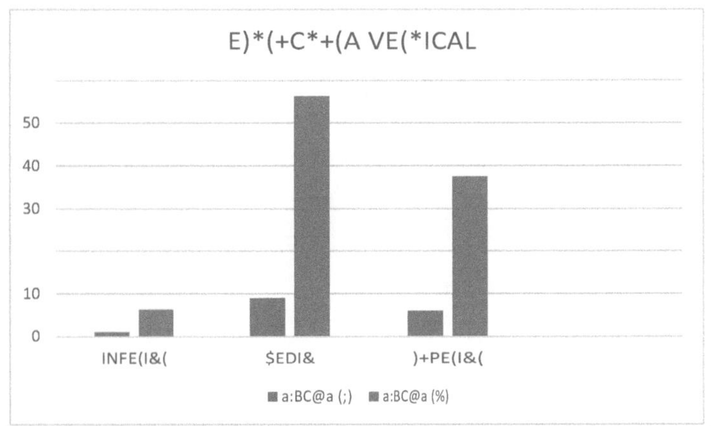

Gráfico n° 28. Estrutura Vertical, (Ev), das espécies florestais mais representativas do sítio.

Quadro n° 39: Análise da estrutura horizontal e vertical das espécies florestais mais representativas do sítio

Famílias	Espécies	Nome comum	d (cm)	cd	h	ca
Anonáceas	Xylopia cuspidata	espineta de folha larga	11,1	10-14.99		10-14.99
Anonáceas	Xylopia cuspidata	espintanilla folha larga	11,5	10-14.99		10-14.99
Lecythidaceae	Eschweilera coriacea	machimango preto	19,8	15-19.99		10-14.99
Sapotáceas	Pouteria torta	quinilha branca	19,9	15-19.99	18	15-19.99
Meliáceas	Guarea macrophylla	requia	41,2	40-44.99	23	20-24.99
Lauraceae	Aniba perutilis	PRIMAVERA AMARELA	14,3	10-14.99	11	10-14.99
Myristicaceae	Iryanthera polyneura	cumala vermelha	12,4	10-14.99		10-14.99
Malpighiaceae	Byrsonima stipulina.	sacha indano	10,0	10-14.99	9	5-9.99
Myristicaceae	Iryanthera juruensis	cumalila vermelha	11,5	10-14.99		5-9.99
Euphorbiaceae	Hevea pauciflora	shiringa	27,0	25-29.99		15-19.99
Euphorbiaceae	Hevea pauciflora	shiringa	10,6	10-14.99	8	5-9.99
Apocináceas	Aspidosperma schultesii	quillobordon	26,2	25-29.99		15-19.99
Sapotáceas	Pouteria torta	quinilha branca	17,2	15-19.99		10-14.99
Euphorbiaceae	Alchornea triplinervia	Mosquito do Cáspio	29,8	25-29.99		20-24.99
Myristicaceae	Osteophloeum platyspermum	cumala chorão	34,5	30-34.99	23	20-24.99
Euphorbiaceae	Alchornea triplinervia	Mosquito do Cáspio	15,4	15-19.99	14	10-14.99

Legenda: diâmetro (d), classe de diâmetro (cd), altura (h), classe altimétrica (ca).

4.6. Lote n.º 05

4.6.1 Abundância absoluta e relativa

Foram inventariadas 24 árvores, pertencentes a 11 famílias, 15 géneros e 16 espécies florestais diferentes.

As espécies locais mais abundantes: *Alchornea triplinervia* (Spreng.) Müll. Arg., "zancudo caspi", 04 árvores, (16,7%); *Swartzia benthamiana* Miq., "sacha cumaceba", 03 árvores, (12,5%); *Nealchornea yapurensis* Huber, "huira caspi", 01 árvore, (4,2%). Essas 03 espécies, totalizando 08 árvores, representaram 33,4% do total (Tabela N° 40 e Gráfico N° 29).

Quadro n.º 40. Abundância absoluta e relativa das espécies florestais mais representativas do sítio

Nome comum	Espécies	ABUNDÂNCIA	
		absol (N°)	relação (%)
Alchornea triplinervia	Mosquito do Cáspio	4	16.7
Swartzia benthamiana	sacha cumaceba	3	12.5
caspi em fuga	Nealchornea yapurensis	1	4.2
	subtotal	8	33.4
	Total		100

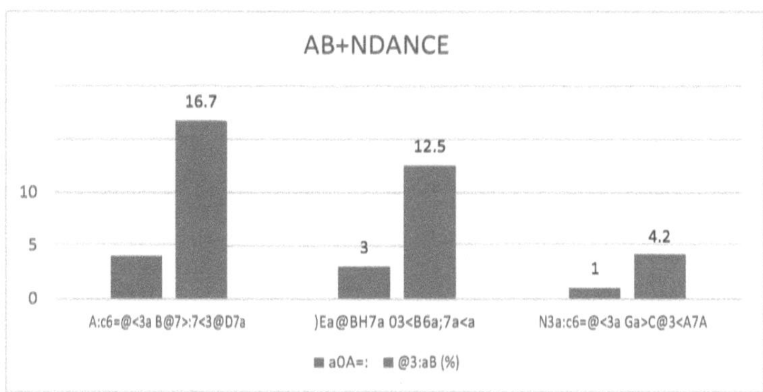

Gráfico n.º 29. Abundância absoluta e relativa das espécies florestais mais importantes.
representante do local

4.6.2 Frequência absoluta e frequência relativa

A frequência foi avaliada em 03 parcelas, divididas em 1 subparcela (0,6 ha).

Cada uma das 16 espécies florestais locais tinha um valor de frequência absoluta de 1 e um valor de frequência relativa de 6,25% (Quadro nº 41 e Gráfico nº 30).

Tabela n.º 41. Frequência absoluta e relativa das espécies florestais mais representativas do sítio

Nome comumEspécieabsolrelato (%)	FREQUÊNCIA	
Alchornea triplinerviazancudo	caspi16	.25
Swartzia benthamianasacha	cumaceba16	.25
Nealchornea	yapurensishuira	caspi16 .25
subtotal318		,75
Total24100		

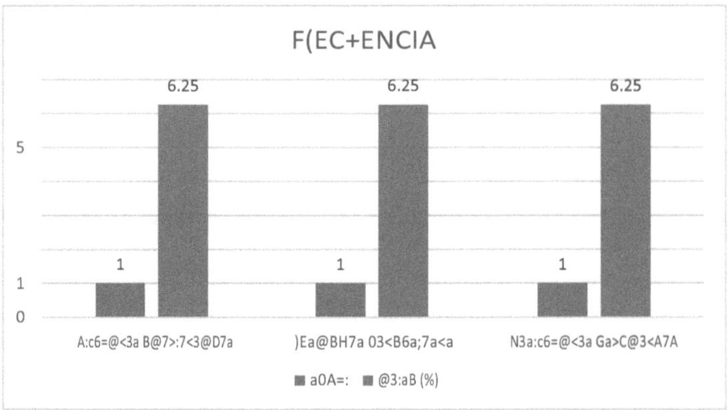

Gráfico 30. Frequência absoluta e relativa das espécies florestais mais representativas do sítio.

4.6.3 Dominância absoluta e dominância relativa

Dominância absoluta e relativa das espécies florestais na área avaliada, referente à área basal de 24 árvores, pertencentes a 15 espécies locais diferentes.

[2]As espécies mais dominantes: *Swartzia benthamiana* Miq., "sacha cumaceba", 0,37 m , (35,56%); *Alchornea triplinervia* (Spreng.) Müll. [22]Arg.; "zancudo caspi", 0,21 m , (19,81%); *Nealchornea yapurensis* Huber; "huira caspi", 0,16 m , (15,26%). [2] Estas 03 espécies locais totalizaram 0,74 m de área basal, representando 70,63% do total (Tabela N° 42 e Gráfico N° 31).

Quadro n° 42. [2]Dominância (m), absoluta e relativa das espécies florestais mais representativas do sítio

Nome comumEspécieabsol (^{m2})	DOMINÂNCIA relação (%) Swartzia		
benthamianasacha cumaceba		0.37	35.56
Alchornea triplinerviazancudo caspi0	.2119	.81	
Nealchornea	yapurensishuira caspi0	.1615	.26
subtotal0 ,7470		,63	
Total1, 05100			

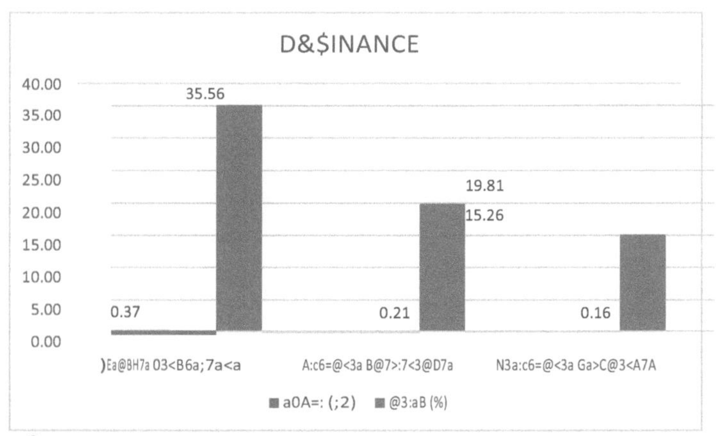

Gráfico n° 31. [2]Dominância absoluta e relativa (m) das espécies florestais mais representativas do sítio.

4.6.4 Índice de Valor de Importância, (IVI)

O Índice de Valor de Importância (IVI) das espécies da parcela avaliada foi calculado para 15 espécies locais diferentes, que agruparam um total de 24 árvores.

As espécies com maior IVI foram, *Swartzia benthamiana* Miq., "sacha cumaceba", 54,31, (18,10%); *Alchornea triplinervia* (Spreng.) Müll. Arg., "zancudo caspi", 42,73, (14,24%); *Nealchornea yapurensis* Huber, "huira caspi", 25,67, (8,56%). Estas 03 espécies, totalizaram 122,71 IVI, o que representou 40,90% do total, (Tabela N° 43 e Gráfico N° 32).

Quadro n° 43. Índice de Valor de Importância, (IVI) das espécies florestais mais representativas do sítio.

Nome comumEspécieIVI a	IVI 300%IVI a 100% Swartzia	benthamianasacha	
cumaceba	54.31	18.10	
Alchornea triplinerviazancudo caspi42	.7314	.24	
Nealchornea	yapurensishuira caspi25	.678	,56
subtotal122		,7140	,90
Total300100			

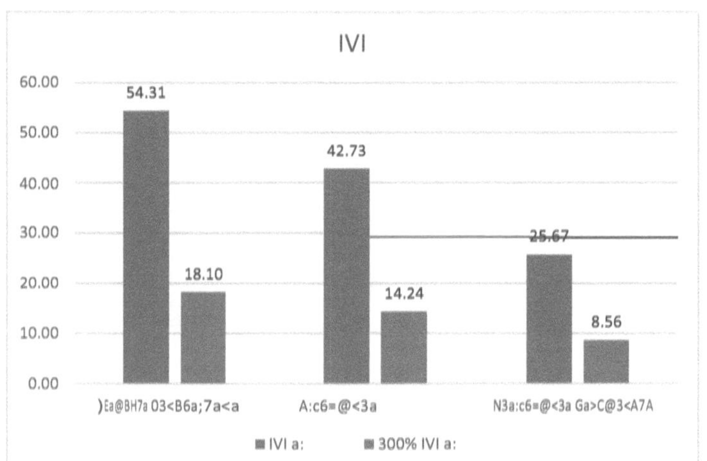

Gráfico n° 32. Índice de Valor de Importância, (IVI), das espécies mais importantes
na
representante do local

Tabela N° 44: Índice de valor de importância (IVI), das espécies florestais mais representativas do sítio

Família	Nome científico	Nome comum	IVI a 300%	IVI a 100%
Fabáceas	Swartzia benthamiana Miq.	aço shimbillo	54.31	18.10
Euphorbiaceae	Alchornea triplinervia (Spreng.) Müll. Arg.	Mosquito do Cáspio	42.73	14.24
Euphorbiaceae	Nealchornea yapurensis Huber	caspi vai fugir	25.67	8.56

Icacináceas	Dendrobangia boliviana Rusby	abacate caspi	23.01	7.67
Sapotáceas	Ecclinusa lanceolata (Mart. & Eichl.) Pierre	caimitillo	21.24	7.08
Urticáceas	Pourouma menor Benoist	sacha uvilla	15.98	5.33
Fabáceas	Parkia velutina Benoist	pashaco	13.17	4.39
Myristicaceae	Iryanthera lancifolia Ducke	cumala vermelha	12.21	4.07
Myristicaceae	Iryanthera juruensis Warb.	cumalila vermelha	11.88	3.96
Burseraceae	Protium ferrugineum (Engl.) Engl.	copal vermelho	11.62	3.87
Sapotáceas	Pouteria cladantha Sandwith	quinilha	11.49	3.83
Lauraceae	Ocotea gracilis (Meisn.) Mez	moena inodora	11.47	3.82
Sapotáceas	Micropholis guyanensis (A. DC.) Pierre	pastilha de travão	11.44	3.81
Burseraceae	Crepidospermum prancei Daly	copal branco	11.32	3.77
Anonáceas	Xylopia cuspidata Diels	espintanilla folha larga	11.24	3.75
Arecaceae	Socratea exorrhiza (Mart.) H. Wendl.	casha pona	11.21	3.74
		Total		100

4.6.5 Complexidade Florística

A Complexidade Florística da área avaliada foi de 1/1, ou seja, para cada espécie havia 1 árvore (Tabela N° 45 e Gráfico N° 33).

Tabela N° 45. Complexidade florística das espécies florestais mais representativas do sítio

Número de espécies	1
Número de árvores	1
COMPLEXIDADE FLORÍSTICA	1/1

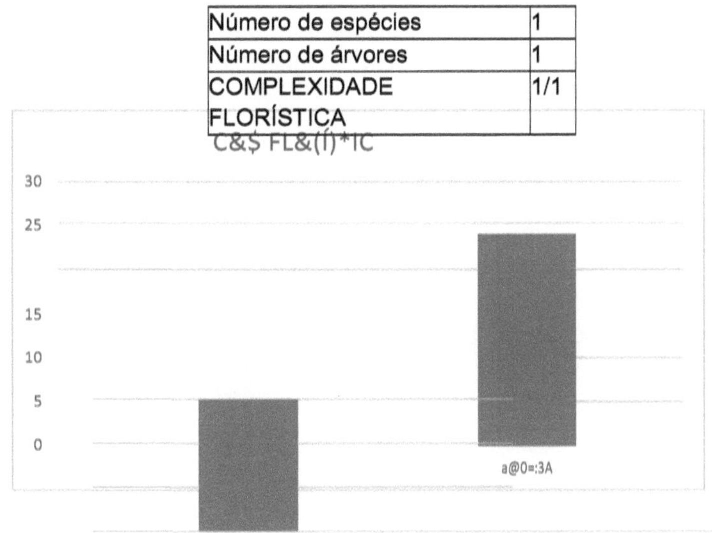

Gráfico n° 33. Complexidade florística das espécies florestais mais representativas do sítio

63

4.6.6 Análise da estrutura horizontal

A estrutura horizontal (Eh) das espécies nas parcelas avaliadas é referida ao diâmetro de 24 árvores, em faixas de 10 cm a partir de 10 cm dbh, a 1,30 m do solo.

Classe de diâmetro I, entre 10 cm e 19,9 cm dbh, foram inventariadas 16 árvores (66,67%). Quantitativamente maiores, *Parkia velutina* Benoist, "pashaco", 19,2 cm, 01 árvore; *Ecclinusa lanceolata* (Mart. & Eichl.) Pierre, "caimitillo", 16,0 cm, 01 árvore; *Iryanthera lancifolia* Ducke, "cumala colorada", 15,5 cm, 01 árvore.

Na classe de diâmetro II, entre 20 cm e 29,9 cm dbh, foram inventariadas 04 árvores (16,67%). Quantitativamente maior, *Alchornea triplinervia* (Spreng.) Müll. Arg., "zancudo caspi", 27,3 cm, 01 árvore; *Ecclinusa lanceolata* (Mart. & Eichl.) Pierre, "caimitillo", 25,2 cm, 01 árvore.

Classe de diâmetro III, entre 30 cm e 39,9 cm dbh, foi inventariada 01 árvore (4,16%). Quantitativamente maior, *Alchornea triplinervia* (Spreng.) Müll. Arg., "zancudo caspi", 39,4 cm, 01 árvore.

Na classe diamétrica IV, entre 40 cm e 49,9 cm de DAP, foram inventariadas 02 árvores (8,33%), destacando-se *Pourouma minor* Benoist, "sacha uvilla", 27,3 cm, 01 árvore; *Alchornea triplinervia* (Spreng.) Müll. Arg., "zancudo caspi", 27,3 cm, 01 árvore; *Ecclinusa lanceolata* (Mart. & Eichl.) Pierre, "caimitillo", 25,2 cm, 01 árvore.

Na classe de diâmetro V, entre 50 cm e 59,9 cm DAP, foi inventariada 01 árvore (4,35%); *Swartzia benthamiana* Miq. "sacha cumaceba", 51,0 cm, 01 árvore (Tabela N° 46 e Gráfico N° 34).

Quadro n° 46. Estrutura horizontal, (Eh), das espécies florestais mais representativas do sítio.

	CLASSE DE DIÂMETRO	ÁRVORES	
	(cm)	N°	(%)
I	10-19.99		66.67
II	20-29.99	4	16.67
III	30-39.99	1	4.16
IV	40-49.99		8.33
V	50-59.99	1	4.17
			100

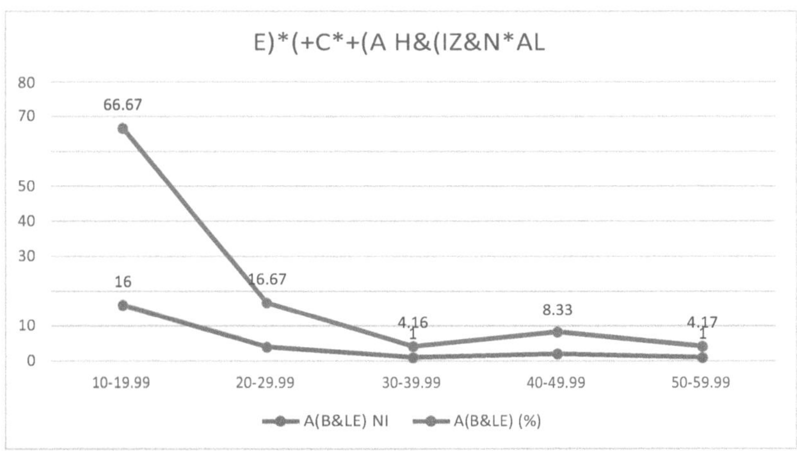

Gráfico n° 34. Estrutura horizontal, (Eh), das espécies florestais mais representativas do sítio.

4.5.7 Análise da estrutura vertical

A estrutura vertical (Ev) ou posição sociológica das espécies na parcela avaliada é referida à altura total de cada uma das 24 árvores agrupadas em 15 espécies diferentes.

Apresentaram estrutura vertical inferior, (EVI), até 9 metros de altura total, 06 árvores, (25,0%); *Iryanthera juruensis* Warb., "cumalilla colorada", 22 metros de altura, 01 árvore.

Apresentaram estrutura vertical média, (EVM), entre 09 e 14 metros de altura total, destacando-se 10 árvores (41,7%), reunidas em 8 espécies florestais diferentes; *Ecclinusa lanceolata* (Mart. & Eichl.) Pierre, "caimitillo", 14 metros de altura, 01 árvore; *Iryanthera lancifolia* Ducke, "cumala colorada", 14 metros de altura, 01 árvore.

Apresentaram estrutura vertical superior, (EVS), com mais de 15 m de altura, 08 árvores, (33,3%); destacaram-se, *Swartzia benthamiana* Miq., "sacha cumaceba", 24 m de altura, 01 árvore; *Nealchornea yapurensis* Huber, "huira caspi", 23 m de altura, 01 árvore; *Alchornea triplinervia* (Spreng.) Müll. Arg., "zancudo caspi", 23 m de altura, 01 árvore (Tabela N° 47 e Gráfico N° 35).

Tabla N° 47. Estructura Vertical, (Ev), de especies forestales más representativas del lugar

	GAMA DE ALTURA TOTAL		ÁRVORES	
	m	N°		%
ABAIXO	< 9			25.0
MEDIO	9-14	10		41.7
SUPERIOR	> 15	8		33.3
		24		100

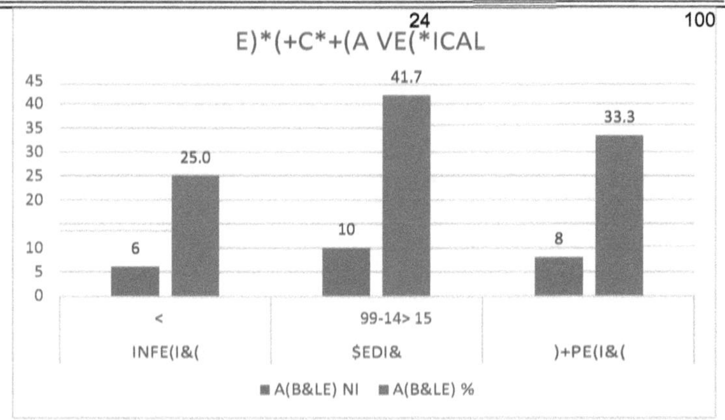

Gráfico n° 35. Estrutura vertical, (Ev), das espécies florestais mais representativas do sítio.

Quadro n.º 48: Análise da estrutura horizontal e vertical das espécies florestais mais representativas do sítio

Família	Nome científico	Nome Com)n	d (cm)	cd	h	ca
EC>6=@07ac3a3	A:c6=@<3a B@7>:7<3@D7a	Ha<cC2= caA>7	27.3	20-29.99		15-19.99
EC>6=@07ac3a3	A:c6=@<3a B@7>:7<3@D7a	Ha<cC2= caA>7		10-19.99		10-14.99
EC>6=@07ac3a3	A:c6=@<3a B@7>:7<3@D7a	Ha<cC2= caA>7	11.4	10-19.99		10-14.99
LaC@ac3a3	&c=B3a 5@ac7;7A	;=3<a A7< =::@	11.9	10-19.99		5-9.99
FaOac3a3	)Ea@BH7a 03<B6a;7a<a	Aac6a cC;ac30a	40.4	40-49.99		20-24.99
$G@7AB7cac3a3	I@Ga<B63@a :a<c74=:7a	cC;a:a c=:=@a2a	15.5	10-19.99		10-14.99
+@B7cac3a3	P=C@=C;a ;7<@	Aac6a CD7::a	27.3	20-29.99	20	20-24.99
EC>6=@07ac3a3	A:c6=@<3a B@7>:7<3@D7a	Ha<cC2= caA>7	39.4	30-39.99	23	20-24.99
A@3cac3a3	)=c@aB3a 3F=@@@67Ha	caA6a >=<a	10.3	10-19.99		5-9.99
FaOac3a3	)Ea@BH7a 03<B6a;7a<a	ac3@= A67;07::=	51	50-59.99		20-24.99
FaOac3a3	)Ea@BH7a 03<B6a;7a<a	ac3@= A67;07::=	23	20-29.99	12	10-14.99
A<<=<ac3a3	XG:=>7a cCA>72aBa	B=@BC5a caA>7	10.5	10-19.99		10-14.99
Icac7<ac3a3	D3<2@=0a<57a 0=:7D7a<a	C;a@7c7::=	11.5	10-19.99		5-9.99
BC@A3@ac3a3	P@=B7C; 43@@@C57<3C;	c=>a: c=:=@a2=	12.7	10-19.99	5	5-9.99
BC@A3@ac3a3	C@3>72=A>3@;C; >@<37	c=>a: 0:a<c=		10-19.99		5-9.99
Icac7<ac3a3	D3<2@=0a<57a 0=:7D7a<a	C;a@7c7::=	15.4	10-19.99		10-14.99
Icac7<ac3a3	D3<2@=0a<57a 0=:7D7a<a	C;a@7c7::=	14.2	10-19.99		10-14.99
)a>=Bac3a3	$7c@=>6=:7A 5CGa<3<A7A	Oa:aBa @=Aa2a	11.7	10-19.99		10-14.99
)a>=Bac3a3	P=CB3@7a c:a2a<B6a	qC7<7::a		10-19.99		10-14.99
FaOac3a3	Pa@97a D3:CB7<a	>aA6ac=	19.2	10-19.99		15-19.99
EC>6=@07ac3a3	N3a:c6=@<3a Ga>C@3<A7A	6C7@a caA>7	45.2	40-49.99	23	20-24.99
$G@7AB7cac3a3	I@Ga<B63@a 8C@C3<A7A	cC;a:7::a c=:=@a2a		10-19.99		5-9.99
)a>=Bac3a3	Ecc:7<CAa :a<c3=:aBa	ca7;7B7::=		10-19.99		10-14.99
)a>=Bac3a3	Ecc:7<CAa :a<c3=:aBa	ca7;7B7::=	25.2	20-29.99	16	15-19.99

Legenda: diâmetro (d), classe de diâmetro (cd), altura (h), classe altimétrica (ca).

Ilustração N° 06:   Perfil de abundância das espécies florestais mais importantes na área em avaliação.

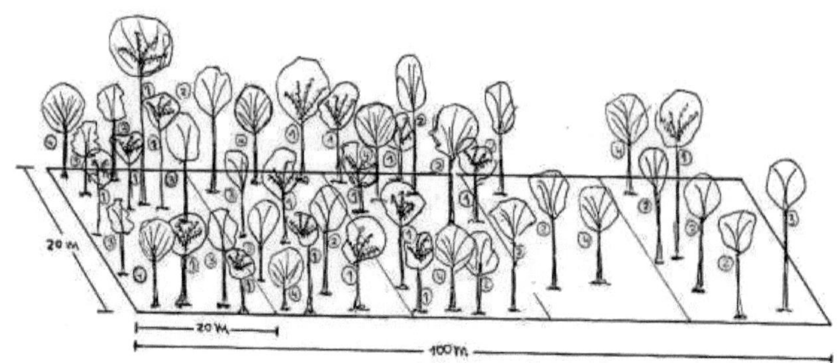

Elaborado por: Dario Davila Paredes, (2024). CAPTION:
FABACEAE: *Parkia velutina*, "pashaco", 17 árvores (1). SAPOTACERAE: *Ecclinusa lanceolata*, "caimitillo", 10 árvores (2). ANNONACEAE: *Xylopia cuspidata*, "tortuga caspi", 10 árvores, (3). EUPHORBIACEAE: *Hevea pauciflora*, "shiringa", 8 árvores (4).

Ilustração N° 07: Perfil da estrutura vertical das espécies florestais mais importantes na área avaliada.

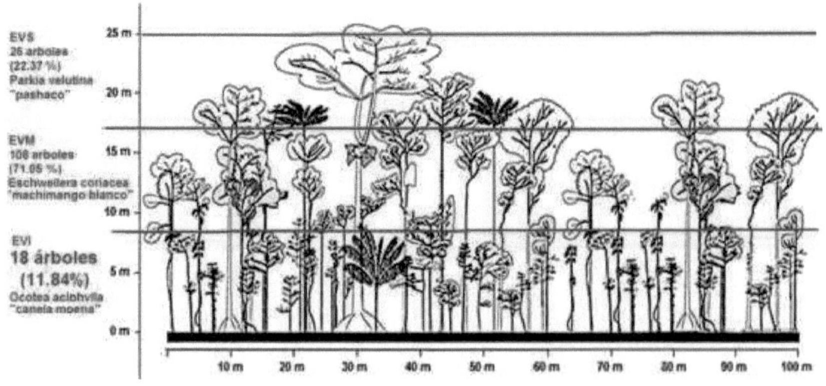

V. DISCUSSÃO DOS RESULTADOS

1.   [2] [(98, 55, 58)]O método aplicado preenche satisfatoriamente os requisitos a serem considerados em outros inventários florestais, parcelas de 6.000 m (0,6 ha.), em florestas amazônicas, que podem ser compreendidas através de pequenos inventários locais, relacionados à abundância, freqüência, dominância (IVI), complexidade florística e estrutura horizontal e vertical.

2.   A área (0,6 ha) registou 152 árvores, representando 23 famílias, 43 géneros, 64 espécies florestais; famílias importantes e representativas da floresta de terraços médios, com o maior número de géneros, espécies: Fabaceae, 6 géneros, 8 espécies, 29 árvores, "pashaco"; Lauraceae, 5 géneros, 11 espécies, 21 árvores, "moena"; Sapotaceae, 4 géneros, 7 espécies, 19 árvores, "caimitillo"; Euphorbiaceae, 4 géneros, 4 espécies, 16 árvores, "shiringa"; Annonaceae, 1 género, 1 espécie, 10 árvores, "espintanilla broadleaf". Estas 5 famílias somaram 95 árvores (62,5 %) do total; os resultados confirmaram, no texto florístico de três reservas de Iquitos, as 10 famílias botânicas presentes nos inventários florestais da Amazónia: Fabaceae, Lauraceae, Annonaceae, Rubiaceae, Moraceae, Myristicaceae, Sapotaceae, Meliaceae, Arecaceae e Euphorbiaceae, contribuem com (74,6%) e, contribuem com 73% das espécies em amostragens de 0.[(55, 58, 57)(102, 99)]1 ha; no entanto, 8 das 10 famílias estão sempre presentes na floresta amazónica, contribuindo com o maior número de espécies; as famílias Fabaceae, Euphorbiaceae, e Myristicaceae, são as mais representativas na Reserva Nacional Allpahuayo-Mishana; estes resultados foram também verificados com exsicatas existentes na AMAZ, colecções de diferentes autores.

3.   Em três parcelas (0,6 ha.), a família mais abundante foi Fabaceae, representada por *Parkia velutina*, 17 árvores, (11,18%), coincidindo com o inventário da estrutura horizontal e vertical de dois tipos de floresta realizado na região de Madre de Dios, entre outros, a espécie mais abundante foi Fabaceae, *parkia velutina* "pashaco", 17 árvores, representando 70.[(44)(43)]43% do total; outro estudo sobre a estrutura e a composição florística das comunidades vegetais, estrada Iquitos-Nauta, em 5 parcelas (1 ha.), registou 1.502 árvores diferentes, 10 cm DAP, sendo Fabaceae a família mais importante, *Inga dumosa* "shimbillo", representando 16,85% do número total de indivíduos avaliados.

4.   [(103)]Quanto à frequência, em 4 parcelas, a família e espécie mais importante foi Fabaceae, *Parkia velutina*, "pashaco", com frequência absoluta 4, (40%), coincide com o que foi registado num trabalho de investigação: análise estrutural de uma floresta de terraço médio na Reserva Nacional Allpahuayo-Mishana, a família com maior frequência foi Fabaceae, *Inga dumosa* .

5.   [222] As 3 espécies mais dominantes foram *Parkia velutina* "pashaco", 0,59 m , *Swartzia benthaminana*, "acero shimbillo", 0,39 m ; *Ecclinusa lanceolata*,

"caimitillo", 0,33, m e *Tapirira guianensis*, "huira caspi", 0.2[103]2[44]31 m ; coincide com o que foi registado no estudo sobre a análise estrutural de uma floresta de terraço médio na Reserva Nacional Allpahuayo-Mishana, com a espécie mais dominante a ser Fabaceae, *Inga dumosa*, ; outro inventário sobre a estrutura horizontal e vertical em dois tipos de floresta, Região Madre de Dios, a espécie mais dominante foi a família Fabaceae, *Parkia velutina* "pashaco", com 6,61 m , em 1502 árvores .

6.   O Índice de Valor de Importância (IVI) de 64 espécies diferentes foram: Fabaceae, géneros *Parkia, Macrolobium* e *Swartzia*, "pashaco", "sacha cumaceba", Sapotaceae, género *Ecclinusa*, "caimitillo", Annonaceae, género *Xylopia*, "espintanilla broadleaf"; Lauraceae, género *Ocotea*, "moena"; Euphorbiaceae, géneros *Hevea* e *Alchornea*, "shiringa" e "zancudo caspi"; Urticaceae, género *Pourouma*, "sacha uvilla". 08 espécies, representando 43,3% do total. [43]Este resultado coincide com o IVI, encontrado no trabalho de investigação sobre a análise estrutural de uma floresta de terraço médio, Reserva Nacional Allpahuayo Mishana, que Fabaceae, *Inga sp.*, registou 11 espécies e representou 50% do total. [89, 101]Além disso, num estudo de investigação sobre o zonamento ecológico e económico, no Alto Amazonas, foi determinado que a espécie mais importante era *Parkia igneiflora*, "goma pashaco", representando 16,45% .

7.   A complexidade florística foi de 1/3, ou seja, para cada espécie havia 3 árvores. [24]Coincidentemente, nas florestas da Amazónia, o coeficiente de mistura ou complexidade florística varia entre 1:3 e 1:4 .

8.   Para caraterizar a estrutura horizontal e vertical das árvores, foi considerada a altura total de todas as árvores (e.g. Killeen *et al.*, 1988 e Lamprecht, 1990). [43]Na estrutura horizontal, a maior percentagem de 152 árvores foi registada na classe de diâmetro I (10-14,9 cm DAP), com 65 árvores, representando 42,76%; um resultado que coincide com a análise estrutural de uma floresta de terraço médio, Reserva Nacional Allpahuayo-Mishana, onde a maior percentagem (58,06%) foi encontrada distribuída na classe II (10-19,9 cm DAP), . Em relação à estrutura vertical, foram estabelecidos 3 estratos: inferior, médio e superior. A classe média (9-17m), registou 108 árvores (71,05%), agrupadas em 8 espécies diferentes; destacaram-se *Eschweilera coriacea*, "machimango blanco"; *Pouteria torta*, "quinilla blanca"; *Alchornea triplinervia*, "zancudo caspi"; resultado que coincide com um estudo sobre a análise estrutural de uma floresta de terraço médio, realizado na Reserva Nacional Allpahuayo Mishana, a estrutura vertical média (10-14.[100]9 m), *Inga* sp. e *Eschweilera* sp. são as espécies mais abundantes, representando 2,32% do total, .

VI. CONCLUSÕES

1.   2Em 1 hectare (10 000 m), foram desenhadas 3 parcelas de 20 m x 100 m, divididas em 5 parcelas de 20 m x 20 m e subdivididas em parcelas de 10 m x 10 m, 5 m x 5 m e 2 m x 2 m, (0,6 ha.).

2.   A diversidade florística de 152 árvores foi agrupada em 23 famílias, 43 géneros e 64 espécies diferentes.

3.   Abundância: *Parkia velutina,* 17 árvores (10,53%), *Ecclinusa lanceolata,* "caimitillo", 10 árvores, (6,58%); *Xylopia cuspidata,* "espintanilla ancha hoja ancha", 10 árvores, (6,58%); *Hevea pauciflora,* "siringa", 8 árvores, (5,26%); *Sloanea guianensis,* "casa huayo", 7 árvores, (4,61%). Essas 05 principais espécies florestais, totalizando 52 árvores, representaram 34,21% do total.

4.   Frequência das espécies, em 04 parcelas, registradas 4 espécies diferentes (40%), frequência absoluta 4, destaque para *Parkia velutina;* em 03 parcelas, registradas 05 espécies diferentes (30%), frequência absoluta 3, destaque para *Ecclinusa lanceolata;* em 02 parcelas, 14 espécies diferentes (20%), frequência absoluta 2, destaque para *Ocotea aciphylla,* em 01 parcela, 33 espécies locais (10%), frequência absoluta 1, destaque para *Anaueria brasiliensis.* No total foram 56 espécies diferentes.

5.   Dominância, referente à área basal de 152 árvores; era Fabaceae, género *A Parkia,* com um subtotal de 1,61 m² de área basal, representou 28,72% do total.

6.   Espécie com o IVI mais elevado: *Parkia velutina,* "pashaco", (8,7%); entre outras, representou 43,3% do total.

7.   A complexidade florística foi de 1/3, ou seja, para cada espécie havia 3 árvores.

8.   Estrutura horizontal, referida ao diâmetro; classe de diâmetro I, (10-14,9 cm DAP), registadas 65 árvores, (42,76 %). Quantitativamente maior, *Micropholis egensis,* "quinilla" 14,9 cm, 01 árvore; classe de diâmetro X, (55-59,9 cm DAP), quantitativamente maior *Parkia velutina,* "pashaco", 57,8 cm, 01 árvore, do total.

9.   Estrutura vertical, referente à altura total, de 152 árvores, agrupadas em 64 espécies diferentes, o estrato inferior (09-17m), quantitativamente maior, com 108 árvores, (71,05%); foi *Eschweilera coriácea,* (14 m de altura), "machimango blanco".

VII. RECOMENDAÇÕES

1.   Antes de proceder à colheita e reflorestação da floresta, é necessário avaliar primeiro o IVI, para determinar quais as espécies florestais que estão ecologicamente adaptadas às condições naturais da área e que permitem um crescimento ótimo das espécies na floresta tropical de planície da Amazónia peruana.

2.   Realizar trabalhos de investigação semelhantes, ao longo das diferentes

bacias amazónicas, para obter dados básicos e detalhados, para uma gestão sustentável bem sucedida deste recurso natural, para o desenvolvimento da região do Loreto.

3.   Sensibilizar para os pontos fortes e fracos dos diferentes tipos de ecossistemas vegetais, para que possam ser utilizados de forma sustentável.

VIII. REFERÊNCIAS BIBLIOGRÁFICAS

1.   MINAM. Memoria Descriptiva del Mapa de Ecozonas del Inventario Nacional Forestal y de Fauna Silvestre del SERFOR. Serviço Nacional de Florestas e Vida Selvagem. 2019. 14 p.

2.   MEJÍA CARHUANCA, K. Diagnóstico de recursos vegetales de la Amazonia Peruana. Documento Técnico N° 16. Instituto de Investigaciones de la Amazonía Peruana. Iquitos - Peru. Iquitos - Peru. outubro. 1995. 4-9 p.

3.   Serviço Nacional de Florestas e Vida Selvagem (2019). Relatório do Inventário Nacional de Florestas e Vida Selvagem do Peru. Serviço Nacional de Florestas e Vida Selvagem. Direção-Geral de Informação e Gestão Florestal e da Vida Selvagem. Direção de Inventário e Avaliação. dezembro. 5, p.

4.   ALVIS GORDO, JOSE F. (2009). Análise estrutural de uma área de floresta natural localizada no município rural de Popayán. Faculdade de Ciências Agrárias. Grupo de Investigação TULL. Universidade de Cauca.

5.   BRAKO, L. & J. ZARUCCHI. Catalogue of the Flowering Plants and Gymnosperms in Peru. Monografias em Botânica Sistemática do Jardim Botânico do Missouri, 45. St. Louis. 1993. 1286 p.

6.   BENAVIDES, M. Amazônia Peruana. Áreas Protegidas y Territorios Indígenas [notas para o mapa]. Instituto del Bien Común. 2009. 1 p.

7.   Vásquez Martínez, R. e Rojas Gonzáles, R. del P. Plantas de la Amazonia Peruana. Chave de identificação das famílias Gymnospermae e Angiospermae. ARNALDOA. Revista do Museu de História Natural. Universidad Privada Antenor Orrego. 2006. 23 p.

8.   MACIEL-MATA, C.A., N. MARQUEZ-MORÁN, P., OCTAVIO-AGUILAR & G. SANCHEZ ROJAS. A amplitude de distribuição das espécies: revisão do conceito. Ata Univeristaria. N° 25(2). 2015. 15 p.

9.   KREBS, J. 1989. Ecology Methodology. Haroer & Row, Publishers, Nova Iorque.

10. ARANA, V. F. Estudio de la Estructura florística de especies forestales de un sector del bosque de la parcela 105 AACD "El Paujil", Setor de la Reserva Nacional Allpahuayo-Mishana". Iquiros-Peru. 2016. 25 p.

11. ROJAS, M. V. W.; ESTEVES-VARON, J.V.; RONCANCIO, N. Estrutura e composição florística de remanescentes de floresta tropical no leste de Caldes. Colômbia. Boletim Científico de História Natural. Vol. 12, 2008. 24-37 pp.

12. RUIZ TAMANI, WILLER E. Composição Florística e Estrutura Horizontal da Vegetação Arbórea do Arboreto "El huayo", Loreto-Peru. Tese para obtenção do grau de Engenheiro Florestal. Escola de Formação Profissional de Engenharia Florestal. Faculdade de Ciências Florestais. 2018. v. p.

13. ERAZO ARÉVALO, POOL S. Composição Florestal, Estrutura Horizontal e Diversidade de Florestas de Baixa Colina Ligeiramente Dissecadas, na Área da Estrada Iquitos - Nauta, Loreto, Peru. 2014. Tese para a obtenção do grau de Engenheiro em Ecologia de Florestas Tropicais. Escola de Formação Profissional em Engenharia de Ecologia de Florestas Tropicais. Faculdade de Ciências Florestais. UNAP. 2019. v. p.

14. Alvarez-Montalván, C. E., Manrique-León, S., Vela-Da Fonseca, M., Cardoza-Soarez, J., Cahllo-Ccorcca, J., Bravo-Camara, P., Castañeda Tinco, I., & Alvarez-Orellana, J. Composição florística, estrutura e diversidade de árvores de uma floresta amazónica no Peru. *Scientia Agropecuaria*. 2021.12 (1), 73-82 p.

15. ALARCÓN MOZOMBITE, EDWARD J. Composição, Estrutura e Diversidade Florística em Nove Localidades da Região de Loreto, 2011 (Noroeste do Peru). Tese para a obtenção do título profissional de Biólogo. Escola de Formação Profissional em Biologia. Faculdade de Ciências Biológicas. UNAP. 2021. xi. p.

16. SABOGAL, C. Estudo de caraterização ecológico-silvicultural da floresta de "copal" em Jenaro Herrera (Loreto-Peru). Tese para obtenção do grau de Engenheiro Florestal. Universidade Nacional Agrária La Malina. Lima. 1980. 379 p.

17. FINOL, H. Forestry in the Venezuelan Orinoquia. Mérida, Venezuela, Universidad de los Andes. Faculdade de Ciências Florestais. 1974. 29 p.

18. LAMPRECHT, H. Estrutura e função das florestas sul-americanas. De: Ecosystem research in South America, Biogeographica, v.B. The Hague.1977.

19. SABOGAL, C. Estudo de caraterização ecológico-silvicultural da floresta de "copal" em Jenaro Herrera (Loreto-Peru). Tese para obtenção do grau de Engenheiro Florestal. Universidade Nacional Agrária La Molina. Lima. 1980. 379 p.

20. GENTRY, A. Diversidade florística e fitogeográfica da Amazónia. Anais do

Simpósio Internacional de Pesquisa e Manejo da Amazônia. Livro 1. INDERENA. Colômbia, 1989. 65 - 70 pp.

21.   RICHARDS, P. The Tropical rain forest, an ecological study. Universidade de Cambridge. 1966. 450 p.

22.   HOLDRIDGE, L. Ecologia da Zona de Vida. Instituto Interamericano de Ciências Agrárias (IICA). San José, Costa Rica. Trad. H. Jimenez. 1978. 216 p.

23.   LOUMAN, B. Fundamentos ecológicos. In: Louman Bastiaan, David Quiros Dávila, e Margarita Nilson (eds.). Silvicultura de florestas de folhas largas com ênfase na América Central. Turrialba - Costa Rica. Série técnica. Manual técnico/CATIE: No. 46. 2001. 265 pp.

24.   LAMPRECHT. Silvicultura nos trópicos; ecossistemas florestais em florestas tropicais e suas espécies arbóreas - possibilidades e métodos de utilização sustentável. Instituto de Silvicultura, Universidade de Gottingen - Alemanha. Traduzido por Antonia Garrido, Alemanha. 1990. 335 pp.

25.   GENTRY, A. Riqueza de espécies arbóreas da floresta amazónica superior. Proc. Natl. Acad. Sci. 1988. 85: 156-159 p.

26.   GENTRY, A. Resumo dos padrões fitogeográficos neotropicais e suas implicações para o desenvolvimento da Amazónia. Revista Academia Colombiana de Ciências 1986. 85: 101-116 p.

27.   ESCOBAR, N. Diagnóstico da composição florística associada às actividades agrícolas em Cerro Quinini (Colômbia). Revista Ciencias Agropecuarias. Universidade de Cundinamarca. 2013. 1 p.

28.   Villarreal, H., Álvarez, M., Córdoba, S., Escobar, F., Fagua, G. e Gast, F. Manual de métodos para el desarrollo de inventarios de biodiversidad. Programa de Inventário da Biodiversidade, Grupo de Exploración y Monitoreo Ambiental (GEMA). Instituto de Investigação de Recursos Biológicos Alexander von Humboldt. Bogotá, Colômbia. 2004.

29.   AGUIRRE, Z. Guía para estudios de composición florística, estructura y diversidad de la vegetación natural. Universidade São Francisco Xavier de Chuquisaca, Sucre, Bolívia. 2010.

30.   FONSECA, K. Restauração da cobertura vegetal na Reserva Florestal Monte Alto-Hojancha. Instituto da Costa Rica. Turrialba-Costa Rica. 2002. 95 p.

31. LAMPRECHT, H. Ensaio sobre a estrutura florística da parte sudeste da floresta universitária "El caimital" Rev. *Forestal venezolana.* N° 7(10). 1990. 77-119 p.

32. QUESADA, M. Composição florística e estrutural de uma floresta primária. Escola de Engenharia Florestal. Instituto Tecnológico da Costa Rica. 2000. 15 p.

33, BUDOWSKI, G. A conservação como instrumento de desenvolvimento. [Antologia]. San José, Costa Rica. Editorial UNED. 1985. 398 p.

34. FINEGAN, B. e SABOGAL. C. O desenvolvimento de sistemas de produção sustentáveis em florestas tropicais de baixa altitude: um estudo de caso da Costa Rica. El Chasqui (CR), 1988. N°17. 1988. 3-24 p.

35. HUTCHINSON, I. D. Points of departure for silviculture in humid tropical forests (Pontos de partida para a silvicultura em florestas tropicais húmidas). Revisão da silvicultura da riqueza comum (G.B.). N° 67(3). 1988. 223-230 p.

36. MAGURRAN, A. E. Ecologycal diversity and its measuremet. Princeton University Press, Nova Jersey. 1988.

37. KREBS, C. J. *Ecological methodology.* Harper Collins Publ. 1989. 654 pp.

38. LAMPRECHT, H. Ensaio sobre a estrutura florística da parte sudeste da floresta universitária "El Caimital". Estado de Barinas. Revista Forestal Venezolana. N° 6. 1964. 10-11 p.

39. Sabogal, C.; Carrera, F.; Colan, V.; Pokorny, B. & Louman B. Manual para o Planeamento e Avaliação da Gestão Operacional das Florestas na Amazónia Peruana. Projeto INRENA-CIFOR-FONDEBOSQUE. Lima, Peru. 2004.

40. SABOGAL, C. Estrutura e Dinâmica de uma Floresta na Região de Pucallpa (Amazónia Peruana). Instituto de Silvicultura del Trópico e Investigación en Bosque Natural. UNALM. Lima-Peru. 1983. 31 p.

41. AMARAL, P.; VERISSIMO, A.; BARRETO, P. & VIDAL, E. Bosque para Siempre. Manual para a Produção de Madeira na Amazónia. WWF. USAID. SIDA. Talleres Gráficos de Artegrafía SRL. Lima-Peru. 2005. 161 p.

42. MINAM. Mapa Nacional de Cobertura Vegetal. Memoria descriptiva/ Ministerio del Ambiente, Dirección General de Evaluación, Valoración y Financiamiento del Patrimonio Natural. Lima: MINAM, 2015.

43. ZÁRATE, R.; T. MORI; J. MACO. Estrutura e composição florística das comunidades vegetais ao longo da rodovia Iquitos-Nauta, Loreto, Peru. Folia Amazónica N° 22(1-2). 2013. 77-89 p.

44. QUISPE VILLAFUERTE, W. "Estrutura horizontal e vertical de dos tipos de bosque concesionados na Região Madre de Dios". Tese para obtenção do grau de

engenheiro florestal. Universidade Nacional do Meio Ambiente da Amazónia Madre de Dios. Puerto Maldonado - Peru. 2010.

45. Departamento de Promoção Florestal. Gestão florestal: Elaboração de planos de gestão e planos operacionais de exploração em florestas tropicais. Instituto Nacional de Florestas. Nicarágua. 2006.

46. MORENO LOZANO, J. M. Estrutura horizontal e valoração económica de espécies madeireiras comerciais em quatro tipos de florestas, Distrito de Torres Causana (Tese de Graduação). Universidade Nacional da Amazónia Peruana - Peru. 2015.

47. OROZCO, L.; C, BRUMER. 2002. Inventário florestal para florestas de folhosas na América Central. Série técnica, (CATIE) N°50, Turrialba (Costa Rica), 2002, pp. 35-68.

48. KREBS, CH. J. Ecologia da Distribuição e da Abundância. Trans. de Jorge Blanco Correa. 2 ed. México. Industria Editorial. 1985.

49. FRANCO, L.J., FIGUEROA, E., CARRASCO, A. Y TORRES, J. Manual de Ecología 2 reimp. México Editorial trillas, S.A. de C.V. 1989.

50. UNESCO. Conferência Mundial sobre Políticas Culturais (MONDIACULT). 1982.

51. AGUILAR FLORES, J.A. Estructura Horizontal y volumen maderable en bosques del ámbito de la carretera Iquitos - Nauta, Loreto, Perú". Tese para a obtenção do grau de engenheiro florestal da escola de formação profissional em engenharia florestal. Faculdade de Ciências Florestais. Iquitos-Peru. 2014. 30 p.

52. UGALDE, L. Conceitos básicos de Dasometria. Programa Suíço de Cooperação para o Desenvolvimento (DDA), Informação e Documentação Florestal para a América Tropical, Turrialba - Costa Rica. 1981.

53. PARDÉ, J.; BOUCHON, J. Dasometria. 2ed. Trans. do francês por Antonio Prieto Rodríguez. Madrid, Espanha. Editorial: Paraninfo S. A. 1994.

54. GÓMEZ, D. Composição florística na floresta ripária da bacia superior de San Alberto. Oxapampa. Tese. Universidad Nacional Agraria La Molina, Lima- Peru. 2000. 59 p.

55. GENTRY, A. Resumo dos padrões fitogeográficos neotropicais e suas implicações para o desenvolvimento da Amazónia. Revista Academia Colombiana de Ciências 1986. 85: 101-116 p.

56. VÁSQUEZ MARTÍNEZ, R. Flórula das Reservas Biológicas de Iquitos, Peru. Allpahuayo-Mishana, Acampamento Explornapo, Explorama Lodge. Editado por Agustín Rudas Lleras e Charlotte M. Taylor. Patrocinado pela Fundação John D. e Catherine T. MacArthur. Apoio adicional do Instituto de Investigaciones de la Amazonía Peruana (IIAP). Explorama Tours S. A. Missouri Botanical Garden. 1997.

57. AYALA FLORES, F. Taxonomia vegetal. Gimnospermae e Angiospermae da Amazónia Peruana. Impresso por CETA. Vol. I e II, Edicion I. 2003.

58. VASQUEZ, R. Flórula de las Reservas Biológicas de Iquitos - Perú. Monografias em Botânica Sistemática do Jardim Botânico do Missouri. Vol. N° 63. Missouri Botanical Garden Press. St. Louis 1046 pp. 1997.

59. CHEESSON, P & T. CASE. Overview. Teorias comunitárias sem equilíbrio: mudança, variabilidade, história e coexistência. Em Community Ecology. Harper and Row. N. York. p 229- 238. 1986.

60. FOSTER, R. & S. HUBBEL. Vegetation structure and species composition of a fifty hectare plot on Barro Colorado Island in Tropical Forest Ecology. Ciclos sazonais e mudanças a longo prazo. Pg. 129-140. 1990.

61. THORINGTON, R. B. TANNENBAUM, A. TARAK & R. RUDRAN. Distribuição de árvores na ilha de lama do Colorado: uma amostra de cinco hectares. Em Ecologia de uma floresta tropical. Ciclos sazonais e mudanças a longo prazo. Egbert G, Stanley R. & D. Windson editores. Smithsonian Tropical Research. Smithsonian Tropical Research Institute, Balboa, Panamá. Pg. 129-140. 1990.

62. Valencia, R. H. Basley & G. Paz y Minoc. Alta diversidade alfa de árvores no Equador amazónico. Biodiversity and Conservation 3: 21-28. 1994.

63. Spichiger, R. *et al.* Riqueza de espécies arbóreas de uma floresta do sudoeste da Amazónia (Jenáro Herrera, Perú, 73.40' W'/4.54' S). Candollea 51 (2): 559-577. 1996.
64. https://reefresilience.org.

65. MALLEUX, J. 1982. Inventario Forestal en Bosques Tropicales. Lima- Peru, 193 p.

66. LAMPRECH, H. 1962. Ensaios para métodos de análise estrutural de florestas tropicais. Ata Científica Venezolana. 13(2): 57-65.

67. PACHECO, T. e TORRES, J. Análise de dispersão de doze espécies florestais do CIEFOR - Puerto Almendra. Universidade Nacional da Amazónia Peruana. Iquitos-Peru. 51 p.

68. MINISTÉRIO DA AGRICULTURA. Guia Explicativo do Mapa Florestal. INRENA. Lima-Peru. 25 p.

69. ONERN. 1976. Mapa ecológico do Peru. Guia descritivo. Lima-Peru. 1- 146 p.

70. BRAKKO, L. & J. ZARUCCHI. 1993. Catalogue of the Flowering Plants and Gymnosperms in Peru. Monografias em Botânica Sistemática do Jardim Botânico do Missouri, 45 St. Louis. 1286 p.

71. VASQUEZ MARTINES, R. 1997. Florula das Reservas Biológicas de Iquitos, Peru. Allpahyuayo-Mishana, Acampamento Explornapo, Explorama Lodge. Jardim Botânico do Missouri.

72. MATTEUCCI, S. & COLMA, A 1982. Metodologia para o estudo da vegetação. Venezuela, p. 99.

73. FRANCO, J. et. al. 1995. Manual de ecología Editorial Trillas. Terceira reimpressão. 266 p.

74. FREITAS, E. 1986. "Influencia del aprovechamiento maderero sobre la estructura y composición floristica de un bosque ribereño alto en Jenaro Herrera-Perú". Tese para obtenção do grau de Engenheiro Florestal-UNAP/FIF. Iquitos. 171 p.

75. ROLLET, B. 1994. L' architecture das Forest denses humides sempervirentes de plaine Centre Technique Forestier Tropical, Nogent. Sur Mana. France. 298 p.

76. MARMILLOD, D. 1982. Methodik und ergeb nisse Von Untersuchungen Uber Zusammensetzumg und Autban eines Terrassenwaldes in peruanischen amazonien. Dissertação. Goftingen, Alemanha, Georg-Aujust-Universrtat Gottingen. 198 p.

77. TELLO, C. 1995. Caracterização ecológica pelo método de sextantes da vegetação arbórea de uma floresta do tipo varillal na zona de Puerto Almendras, Iquitos-Peru. Tese para obtenção do grau de Engenheiro Florestal. MJNAP/FIF. Iquitos, Peru. 104 p.
78. ZUÑIGA, G. 1985. Análise estrutural de uma floresta perturbada na zona de Arto Shori-Chanchamayo (selva central). Documento de trabalho. San Ramón, 98 p.

79. MACEDO, M. 1993. Aspectos biologicos de um cemadao mesotropico proximo a Guiaba, Mato Grosso.

80. Campbell, P.; Comiskey, J.; Alonso, A.; Dallmeier, F.; Núñez, P.; Beltrán, H.; Baldeón, S.; Nauray, W.; De la Colina, R.; Acurio, L. & S. Udvardy. 2002. Parcelas de Whittaker modificadas como ferramenta de avaliação e monitoramento da

vegetação em uma floresta tropical de planície. Environ Monit Assess, 76(1):19-41.

81. Alonso, A. & F. Dallmeier (Eds.). 1998. Biodiversity Assessment and Long-term Monitoring of the Lower Urubamba Region in Peru: Cashiriari-3 Well Site and the Camisea and Urubamba Rivers. Série SI/MAB # 2. Smithsonian Institution/MAB Program. Washington, DC. 298 páginas.

82. Comiskey, J. A.; Campbell, J. P.; Alonso, A.; Mistry, S.; Dallmeier, F.; Núñez, P.; Beltrán, H.; Baldeón, S.; Nauray, W.; de la colina, R.; Acurio, L. & S. Udvardy. 2001. As comunidades vegetais da região do Baixo Urubamba, Peru. In: Alonso, A. F.

83. Martinez Bardales, Clessy L. 2010. Análise estrutural de uma floresta de terraço médio na Reserva Nacional Allpahuayo-Mishana, Loreto-Peru. Tese para obtenção do grau de Engenheiro em Ecologia de Florestas Tropicais. Escola de Formação Profissional em Engenharia de Ecologia de Florestas Tropicais. Faculdade de Ciências Florestais. Iquitos-Peru.

84. KENNY SANGAMA GONZALES. Estrutura horizontal e diversidade de uma floresta de terraço alto em uma propriedade privada na bacia do rio Amazonas, distrito de Punchana, Loreto-Peru. Tese para obtenção do título profissional de Engenheiro em Ecologia de Florestas Tropicais. Faculdade de Ciências Florestais. Iquitos - Peru. 2015.

85. AMARAL VERISSIMO, A.; BARRET, P.; VIDAL, E. 2005. Florestas para sempre. Manual para produção de madeira na Amazônia. WWF, AMAZON, USAID ASDI. Lima - Peru. 161 p.

86. SAHUARICO FACHIN, ABNER ANDERSON. 2010. Estudo da Regeneração Natural de uma Floresta de Terraço Médio, Bacia do Rio Nanay. Iquitos, Loreto, Peru. Tese para obtenção do grau de Engenheiro Florestal. Faculdade de Ciências Florestais. Iquitos - Peru.

87. ROJAS TUANAMA, R.; TELLO ESPINOZA, RODIL. 2006. Abundância e Estoque de Regeneração Natural de Espécies Florestais na Floresta Varillal do CIEFOR, Iquitos - Peru. Faculdade de Ciências Florestais. Iquitos - Peru.

88. FREITAS VÁSQUEZ, ROSA MARÍA. 2017. Análise da Regeneração Natural de duas Florestas de Terraço Alto na Comunidade de Salvador Rio Napo, Departamento de Loreto - Peru. Tese para obtenção do grau de Engenheiro Florestal. Faculdade de Ciências Florestais. Iquitos - Peru.

89. WADSWORTH, F. 2000, Florestas primárias e sua produtividade. In: Forest production for tropical America. Handbook of Agriculture 710-S. USDA. Washingtond, OC. Pp 69-109.

90. ROLLET, V. 1971. Natural Regeneration in Dense Evergreen Forests of the Venezuelan Guyana Plain. Boletin del Instituto Forestal Latinoamericano de Investigación y Capacitación (Venezuela). (35) 39-73 p.

91. WHITMORE, T. 1984. Tropical Rain forest of the Far East. Oxford. G. B. Clarendon Press. 341 p.

92. SCHULZ, J. P. 1967. A Regeneração Natural da Floresta Tropical Mesofrtica do Suriname, após a colheita. Boletin del Instituto Capacitación. Venezuela (23). 27 p.

93. SCHWYZER, A., 1981. Estudo da Regeneração Natural e sua utilização na reflorestação. Projeto de Asentamento de Rural Integral Jenaro Herrera. Boletin Técnico No 07. Iquitos- Peru. 18 p.

94. FINEGAN, B. 1992. Bases Ecológicas para a Silvicultura. V Curso Intensivo Internacional de Silvicultura y Manejo de Bosque Naturales Tropicales - CA TIE-Costa Rica. 170 p.

95. HARTSHORN, A. 1980. Dynamics of Neotropical Forests (Dinâmica das Florestas Neotropicais). Série Facsimile No 08. Centro Científico Tropical San José de Costa Rica. Costa Rica. 26 p.

96. LOUMAN, By STANLEY, S. 2002, Analysis and interpretation of forest inventory results: In: L. Orosco and C. Brumer (eds.). Brumer (eds.). Forest inventory for broadleaved forests in Central America. Série Técnica, Manual Técnico Nº 50, Centro de Investigação Agrária Tropical e Ensino Superior. CATIE. Turrialba, Costa Rica. 263 p.

97. PAIMA ESPINOZA, PIERO C. Estrutura e Composição Florística do Bosque de Terraço Médio Adjacente ao Arboreto "el huayo", CIEFOR- Puerto Almendras, Rio Nanay, Iquitos-Peru. Tese para obtenção do grau de Engenheiro em Ecologia de Florestas Tropicais. Faculdade de Ciências Florestais - UNAP. Iquitos - Peru. 2012. vi-vii p.

98. Pitman, N.C A. 2005. Uma visão geral da bacia hidrográfica de Los, Madre de Dios, sudeste do Peru. ACCA. Manuscrito não publicado. 51 p.

99. GARCÍA, G. J., CLAUSSI, A.; MARMILLOD, D.; e BLASER, J., 1975. Estudo integral de uma floresta tropical na zona de Jenaro Herrera (Iquitos).

100. Relatório do Inventário Nacional de Florestas e Vida Selvagem do Peru. Serviço Nacional de Florestas e Fauna Silvestre. Direção Geral de Informação e Gestão Florestal e da Vida Selvagem. Direção de Inventário e Avaliação. dezembro. 2019. 144 p.

101. Zonificación Ecológica y Económica Temático Forestal, Provincia de Alto Amazonas (2013). Relatório de Avaliação do Temático Florestal. Instituto de Investigação da Amazónia Peruana. Município Provincial do Alto Amazonas. Governo Regional de Loreto. 21 p.

102. Instituto de Investigação da Amazónia Peruana, IIAP. Banco Mundial. 2002. Estudo de Zoneamento Económico Ecológico da Bacia do Rio Nanay. Iquitos - Peru.

103. Martínez, P. 2010. Proyecto Mesozonificación Ecológica y Económica para el Desarrollo Sostenible del Valle del Río Apurímac-VRA. Iquitos-Peru. 64 p.

ANEXOS

ANEXO N.º 01

1) Formato do campo

Departamento   :
Província   :
Distrito   :
Local de recolha   :
Coordenadas   :
Data de recolha   :
Nome do coletor   :

NI	Família	Nome científico	Nome Com)n	d (cm)	cd	h	ca
1							
4							
5							
7							
8							
10							
<..							

Legenda: diâmetro (d), classe de diâmetro (cd), altura (h), classe altimétrica (ca).

ANEXO N.º 02

Quadro n° 49: Composição florística das três (3) parcelas avaliadas.

N°	Família	Nome científico	Nome comum
1	Lecythidaceae	Eschweilera coriacea (A. DC.) S. A. Mori	machimango preto
2	Urticaceae	Pourouma tomentosa Mart.	sacha ubilla
3	Urticaceae	Pourouma tomentosa Mart.	sacha ubilla
4	Lauraceae	Ocotea aciphylla (Nees) Mez	moena de canela
5	Lauraceae	Ocotea olivacea A. C. Sm.	PRIMAVERA AMARELA
6	Fabaceae	Parkia velutina Benoist	pashaco
7	Araliaceae	Dendropanax umbellatus (Ruiz & Pav.) Decne. & Planch.	fósforo de caspo
8	Elaeocarpaceae	Sloanea guianensis (Aubl.) Benth.	casha huayo
9	Sapotáceas	Ecclinusa lanceolata (Mart. & Eichl.) Pierre	caimitillo
10	Fabaceae	Parkia velutina Benoist	pashaco
11	Araliaceae	Dendropanax umbellatus (Ruiz & Pav.) Decne. & Planch.	fósforo de caspo
12	Lauraceae	Ocotea argyrophylla Ducke	moena folha castanha
13	Fabaceae	Parkia velutina Benoist	pashaco
14	Fabaceae	Swartzia benthamiana Miq.	aço shimbillo
15	Euphorbiaceae	Hevea pauciflora (Spruce ex Benth.) Müll. Arg.	shiringa
16	Araliaceae	Dendropanax umbellatus (Ruiz & Pav.) Decne. & Planch.	fósforo de caspo
17	Fabaceae	Parkia velutina Benoist	pashaco
18	Sapotáceas	Ecclinusa lanceolata (Mart. & Eichl.) Pierre	caimitillo
19	Sapotáceas	Ecclinusa lanceolata (Mart. & Eichl.) Pierre	caimitillo
20	Fabaceae	Parkia velutina Benoist	pashaco
21	Elaeocarpaceae	Sloanea guianensis (Aubl.) Benth.	casha huayo
22	Myristicaceae	Iryanthera juruensis Warb.	cumalila vermelha
23	Sapotaceae	Ecclinusa lanceolata (Mart. & Eichl.) Pierre	caimitillo
24	Fabaceae	Inga tessmannii Harms	shimbillo
25	Euphorbiaceae	Hevea pauciflora (Spruce ex Benth.) Müll. Arg.	shiringa
26	Sapotaceae	Ecclinusa lanceolata (Mart. & Eichl.) Pierre	caimitillo
27	Elaeocarpaceae	Sloanea durissima Abeto	cepanquina
28	Lauraceae	Ocotea oblonga (Meisn.) Mez	shicshi moena
29	Fabaceae	Parkia velutina Benoist	pashaco
30	Elaeocarpaceae	Sloanea guianensis (Aubl.) Benth.	casha huayo
31	Fabaceae	Hymenolobium nitidum Benth	mari mari
32	Euphorbiaceae	Hevea pauciflora (Spruce ex Benth.) Müll. Arg.	shiringa
33	Elaeocarpaceae	Sloanea guianensis (Aubl.) Benth.	casha huayo
34	Lauraceae	Ocotea gracilis (Meisn.) Mez	moena inodora
35	Sapotaceae	Ecclinusa lanceolata (Mart. & Eichl.) Pierre	caimitillo
36	Lauraceae	Ocotea gracilis (Meisn.) Mez	moena inodora
37	Sapotaceae	Ecclinusa lanceolata (Mart. & Eichl.) Pierre	caimitillo
38	Elaeocarpaceae	Sloanea guianensis (Aubl.) Benth.	casha huayo
39	Fabaceae	Parkia velutina Benoist	pashaco

40 Burseraceae	Protium ferrugineum (Engl.) Engl.	copal vermelho
41 Lauraceae	Anaueria brasiliensis Kosterm.	añuje rumo
42 Lauraceae	Ocotea myriantha (Meisn.) Mez	garça moena
43 Moraceae	Ficus guianensis Desv.	renaco
44 Burseraceae	Protium altsonii Sandwith	copal
45 Euphorbiaceae	Hyeronima oblonga (Tul.) Müll. Arg.	rato caspi de alta altitude
46 Lecythidaceae	Eschweilera coriacea (A. DC.) S. A. Mori	machimango branco
47 Lecythidaceae	Eschweilera parvifolia Mart. ex A. DC.	machimango
48 Lauraceae	Beilschmiedia sp.	moena de canela
49 Fabaceae	Swartzia klugii (R.S. Cowan) Torke	sacha cumaceba
50 Lauraceae	Ocotea bracteosa (Meisn.) Mez	moena de canela
51 Meliaceae	Guarea macrophylla Vahl	requia
52 Melastomataceae	Miconia symplectocaulos Pilg.	caracha caspi
53 Urticaceae	Cecropia latiloba Miq.	cetico branco
54 Fabaceae	Parkia velutina Benoist	pashaco
55 Lauraceae	Ocotea myriantha (Meisn.) Mez	garça moena
56 Annonaceae	Xylopia cuspidata Diels	Tartaruga do Cáspio
57 Araliaceae	Dendropanax umbellatus (Ruiz & Pav.) Decne. & Planch.	fósforo de caspo
58 Fabaceae	Parkia velutina Benoist	pashaco
59 Sapotaceae	Ecclinusa lanceolata (Mart. & Eichl.) Pierre	caimitillo
60 Lauraceae	Nectandra paucinervia Coe-Teix.	moena
61 Lauraceae	Nectandra paucinervia Coe-Teix.	moena
62 Fabaceae	Parkia velutina Benoist	pashaco
63 Fabaceae	Macrolobium microcalyx Ducke	santo caspi
64 Lauraceae	Ocotea myriantha (Meisn.) Mez	garça moena
65 Elaeocarpaceae	Sloanea guianensis (Aubl.) Benth.	casha huayo
66 Lauraceae	Ocotea myriantha (Meisn.) Mez	garça moena
67 Elaeocarpaceae	Sloanea guianensis (Aubl.) Benth.	casha huayo
68 Lauraceae	Ocotea myriantha (Meisn.) Mez	garça moena
69 Annonaceae	Xylopia cuspidata Diels	Tartaruga do Cáspio
70 Sapotaceae	Micropholis venulosa (Mart. & Eichl.) Pierre	ballet
71 Anacardiaceae	Tapirira guianensis Aubl.	wira caspi
72 Euphorbiaceae	Hevea pauciflora (Spruce ex Benth.) Müll. Arg.	shiringa
73 Urticaceae	Pourouma mollis Trécul	sacha ubilla
74 Myristicaceae	Iryanthera paraensis Huber	cumalila
75 Humiriaceae	Sacoglottis amazonica Mart.	papagaio shungo
76 Lecythidaceae	Eschweilera albiflora (A. DC.) Miers	machimango
77 Urticaceae	Pourouma tomentosa Mart.	sacha ubilla
78 Lecythidaceae	Eschweilera tessmannii Knuth	machimango colorado
79 Sapotaceae	Chrysophyllum bombycinum T. D. Penn.	folha grande de balata
80 Annonaceae	Xylopia cuspidata Diels	Tartaruga do Cáspio
81 Annonaceae	Xylopia cuspidata Diels	Tartaruga do Cáspio
82 Fabaceae	Inga brachyrhachis Harms	shimbillo
83 Sapotaceae	Micropholis egensis (A. DC.) Pierre	quinilha
84 Sapotaceae	Micropholis venulosa (Mart. & Eichl.) Pierre	ballet

	Family	Species	Common name
85	Malpighiaceae	Byrsonima stipulina J. F. Macbr.	bandeira do Cáspio
86	Fabaceae	Parkia velutina Benoist	pashaco
87	Euphorbiaceae	Hevea pauciflora (Spruce ex Benth.) Müll. Arg.	shiringa
88	Annonaceae	Xylopia cuspidata Diels	Tartaruga do Cáspio
89	Fabaceae	Parkia velutina Benoist	pashaco
90	Lauraceae	Ocotea gracilis (Meisn.) Mez	moena inodora
91	Fabaceae	Parkia velutina Benoist	pashaco
92	Fabaceae	Macrolobium microcalyx Ducke	santo caspi
93	Apocynaceae	Macoubea guianensis Aubl.	xarope de huayo
94	Sapotaceae	Micropholis venulosa (Mart. & Eichl.) Pierre	ballet
95	Lauraceae	Ocotea gracilis (Meisn.) Mez	moena inodora
96	Myristicaceae	Iryanthera juruensis Warb.	cumalila vermelha
97	Anacardiaceae	Tapirira guianensis Aubl.	wira caspi
98	Lauraceae	Ocotea gracilis (Meisn.) Mez	moena inodora
99	Fabaceae	Macrolobium microcalyx Ducke	santo caspi
100	Myrtaceae	Calyptranthes ruiziana O. Berg	guayabilla
101	Euphorbiaceae	Hevea pauciflora (Spruce ex Benth.) Müll. Arg.	shiringa
102	Fabaceae	Parkia velutina Benoist	pashaco
103	Myrtaceae	Eugenia florida DC.	goiaba sacha
104	Fabaceae	Parkia velutina Benoist	pashaco
105	Annonaceae	Xylopia cuspidata Diels	Tartaruga do Cáspio
106	Annonaceae	Xylopia cuspidata Diels	Tartaruga do Cáspio
107	Annonaceae	Xylopia cuspidata Diels	Tartaruga do Cáspio
108	Annonaceae	Xylopia cuspidata Diels	Tartaruga do Cáspio
109	Malpighiaceae	Byrsonima stipulina J. F. Macbr.	bandeira do Cáspio
110	Myristicaceae	Iryanthera juruensis Warb.	cumalila vermelha
111	Euphorbiaceae	Hevea pauciflora (Spruce ex Benth.) Müll. Arg.	shiringa
112	Olacaceae	Tetrastylidium peruvianum Sleumer	yutubanco
113	Myristicaceae	Iryanthera tricornis Ducke	pucuna caspi
114	Clusiaceae	Moronobea coccinea Aubl.	caspa de enxofre
115	Fabaceae	Tachigali tessmannii Harms	tangarana
116	Fabaceae	Parkia velutina Benoist	pashaco
117	Burseraceae	Protium ferrugineum (Engl.) Engl.	copal vermelho
118	Lecythidaceae	Eschweilera coriacea (A. DC.) S. A. Mori	machimango branco
119	Sapotaceae	Pouteria torta (Mart.) Radlk.	quinilha branca
120	Meliaceae	Guarea macrophylla Vahl	requia
121	Lauraceae	Aniba perutilis Hemsl.	PRIMAVERA AMARELA
122	Myristicaceae	Iryanthera polyneura Ducke	cumala vermelha
123	Euphorbiaceae	Hevea pauciflora (Spruce ex Benth.) Müll. Arg.	shiringa
124	Apocynaceae	Aspidosperma schultesii Woodson	quillo bordón
125	Euphorbiaceae	Alchornea triplinervia (Spreng.) Müll. Arg.	Mosquito do Cáspio
126	Euphorbiaceae	Alchornea triplinervia (Spreng.) Müll. Arg.	Mosquito do Cáspio
127	Euphorbiaceae	Alchornea triplinervia (Spreng.) Müll. Arg.	Mosquito do Cáspio
128	Sapotaceae	Pouteria torta (Mart.) Radlk.	quinilha branca
129	Euphorbiaceae	Alchornea triplinervia (Spreng.) Müll. Arg.	Mosquito do Cáspio
130	Myristicaceae	Osteophloeum platyspermum (A. DC.) Warb.	cumala chorão

131 Myristicaceae	Iryanthera lancifolia Ducke	cumala vermelha
132 Urticaceae	Pourouma menor Benoist	sacha ubilla
133 Euphorbiaceae	Alchornea triplinervia (Spreng.) Müll. Arg.	Mosquito do Cáspio
134 Arecaceae	Socratea exorrhiza (Mart.) H. Wendl.	casha pona
135 Euphorbiaceae	Alchornea triplinervia (Spreng.) Müll. Arg.	Mosquito do Cáspio
136 Lauraceae	Ocotea gracilis (Meisn.) Mez	moena inodora
137 Fabaceae	Swartzia benthamiana Miq.	aço shimbillo
138 Fabaceae	Swartzia benthamiana Miq.	aço shimbillo
139 Fabaceae	Swartzia benthamiana Miq.	aço shimbillo
140 Annonaceae	Xylopia cuspidata Diels	Tartaruga do Cáspio
141 Metteniusaceae	Dendrobangia boliviana Rusby	abacate caspi
142 Burseraceae	Protium ferrugineum (Engl.) Engl.	copal vermelho
143 Burseraceae	Crepidospermum prancei Daly	copal branco
144 Metteniusaceae	Dendrobangia boliviana Rusby	abacate caspi
145 Metteniusaceae	Dendrobangia boliviana Rusby	abacate caspi
146 Sapotaceae	Micropholis guyanensis (A. DC.) Pierre	saponina de balata
147 Sapotaceae	Pouteria cladantha Sandwith	quinilha
148 Fabaceae	Parkia velutina Benoist	pashaco
149 Euphorbiaceae	Nealchornea yapurensis Huber	caspi vai fugir
150 Myristicaceae	Iryanthera juruensis Warb.	cumalila vermelha
151 Sapotaceae	Ecclinusa lanceolata (Mart. & Eichl.) Pierre	caimitillo
152 Sapotaceae	Ecclinusa lanceolata (Mart. & Eichl.) Pierre	caimitillo

Buy your books fast and straightforward online - at one of world's fastest growing online book stores! Environmentally sound due to Print-on-Demand technologies.

Buy your books online at
www.morebooks.shop

Compre os seus livros mais rápido e diretamente na internet, em uma das livrarias on-line com o maior crescimento no mundo! Produção que protege o meio ambiente através das tecnologias de impressão sob demanda.

Compre os seus livros on-line em
www.morebooks.shop

Printed by Books on Demand GmbH, Norderstedt / Germany